Kompetenzbereich: Zahlen und Operationen

1 Ergänze die fehlenden Zahlen.

a

		☐		
	☐		350	
234		☐		212

b

		1 144		
	562		☐	
130		☐		☐

2 Ordne die Zahlen nach der Größe. Beginne mit der größten Zahl.

3 Schreibe untereinander und rechne aus.

a 2 796 + 399 + 63

b 7 737 – 569 – 36

4 Setze < , > , oder = richtig ein.

a $5 \cdot 250$ ☐ $675 + 680$

b $6\,400 : 80$ ☐ $10 \cdot 8$

c $5\,720 - 60$ ☐ $1\,290 + 4\,370$

d $70 \cdot 60$ ☐ $6\,850 - 3\,750$

5 Ergänze die Rechnung wie angegeben.

a Immer 1 000

345 + 655

734 + ______

157 + ______

904 + ______

b Immer 1 000 000

345 000 + 655 000

734 000 + __________

157 000 + __________

904 000 + __________

6 Bilde aus den Ziffern zwei vierstellige Zahlen und addiere sie. Die Ziffern dürfen sich in einer Aufgabe nicht wiederholen.

Beispiel:
6589, 4731

		6	5	8	9
+		4	7	3	1
	1	1	3	2	0

a Finde vier Aufgaben mit dem größten Ergebnis.

b Finde vier Aufgaben mit dem kleinsten Ergebnis.

Kompetenzbereich: Zahlen und Operationen

1 a

		722		
	372		350	
234		**138**		212

b

		1 144		
	562		**582**	
130		**432**		**150**

2 **990 900 / 670 970 / 55 670 / 55 345 / 2 578 / 2 560**

3 a

		2	7	9	6	
	+		3	9	9	
	+			6	3	
		1	2	1		
		3	2	5	8	

b

		7	7	3	7	
	–		5	6	9	
	–			3	6	
			1	1		
		7	1	3	2	

4 a 5 · 250 [<] 675 + 680   b 6 400 : 80 [=] 10 · 8

c 5 720 – 60 [=] 1 290 + 4 370   d 70 · 60 [>] 6 850 – 3 750

5 a 734 + **266**
157 + **843**
904 + **96**

b 734 000 + **266 000**
157 000 + **843 000**
904 000 + **96 000**

6 a *Lösungsvorschlag:*

	9	7	5	2
+	8	6	4	3
1	1			
1	8	3	9	5

	9	7	4	2
+	8	6	5	3
	1			
1	8	3	9	5

	9	7	4	3
+	8	6	5	2
	1			
1	8	3	9	5

	9	7	5	3
+	8	6	4	2
	1			
1	8	3	9	5

b *Lösungsvorschlag:*

	1	3	5	7
+	2	4	6	8
		1	1	
	3	8	2	5

	1	3	5	8
+	2	4	6	7
		1	1	
	3	8	2	5

	1	3	6	8
+	2	4	5	7
		1	1	
	3	8	2	5

	2	3	5	7
+	1	4	6	8
		1	1	
	3	8	2	5

7 a Das Zehnfache meiner Zahl ist 100 000. **10 000**

b Der zehnte Teil meiner Zahl ist 250. **2 500**

c Verdreifache ich meine Zahl, so erhalte ich 450. **150**

d Der vierte Teil meiner Zahl heißt 150. **600**

8 a 6 710 + **3 290** = 10 000
25 · **80** = 2 000

b 48 000 – **8 400** = 39 600
64 000: **800** = 80

9
- [ ] In einem Zoo leben 5 Elefanten und 15 Affen.
- [ ] Die 15 Affen leben in 5 verschiedenen Käfigen.
- [x] In jedem der 5 Käfige gibt es 15 Kletterbäume.
- [ ] Keine der Rechengeschichten passt.

10 a 46 + 45 = **91**
5**5** + **2**7 = 82
28 + **7** = **3**5
37 + 18 = 5**5**

b 77 + **18** = 95
19 + 36 = 5**5**
4**8** + **2**8 = 76
34 + 53 = **87**

11

+	368	**971**
589	**957**	1 560
128	**496**	**1 099**
90	458	**1 061**
740	**1 108**	**1 711**

12 a

```
 1100 · 25        27500 : 5 = 5500
  2200            25
   5500            25
  27500            25
                    00
```

b

```
  1100             2560
+   35           – 1135
  1135             1425
```

c

	1	1	0	0	·	2	8						3	0	8	0	0	:	4	=	7	7	0	0	
			2	2	0	0							2	8											
				8	8	0	0							2	8										
			3	0	8	0	0							2	8										
															0	0									

13 a

2	3	**4**	6	·	6
	1	4	0	7	6

b

4	**2**	**3**	5	·	4
	1	6	9	4	0

c

2	**9**	6	5	·	7
	2	0	7	5	5

d

3	**5**	6	**3**	·	2
		7	1	**2**	6

oder:

3	**0**	6	**3**	·	2
		6	1	**2**	6

14 Frage: **Wie viele Personen haben das Theater im März besucht?**

Rechnung:

	9	5	6	·	9	
		8	6	0	4	

Antwort: **8 604 Personen haben das Theater im März besucht.**

15 a

Überschlag: **4 000 · 50 = 200 000**

Rechnung:

		1	7	4	2	0		
			2	6	1	3	0	
		2	0	0	3	3	0	

b

Überschlag: **4 200 : 7 = 600**

Rechnung:

	4	3	1	9	:	7	=	6	1	7	
	4	2									
		1	1								
			7								
			4	9							
			4	9							
				0							

16 a

Teilbar durch 2	**Teilbar durch 3**	**Teilbar durch 4**	**Teilbar durch 5**	**Teilbar durch 9**
16, 6 112, 888, 2 000, 20, 220, 604, 252, 414	135, 888, 387, 252. 414	16, 6 112, 888, 2 000, 20, 220, 604, 252	135, 2 000, 20, 555, 220	252, 414, 387, 135

b **Eine Zahl ist durch 2 teilbar, wenn sie eine gerade Zahl ist.**
Eine Zahl ist durch 3 und 9 teilbar, wenn ihre Quersumme durch 3 oder 9 teilbar ist.
Eine Zahl ist durch 4 teilbar, wenn ihre letzten beiden Ziffern durch 4 teilbar sind.
Eine Zahl ist durch 5 teilbar, wenn ihre letzte Ziffer eine 5 oder 0 ist.

17 a **Alle dreistelligen Zahlen, deren letzte Ziffer eine 8 oder 3 ist.**
Beispiele: 148, 253, 768, 943, ...

b **Alle dreistelligen Zahlen, deren Quersumme geteilt durch 3 den Rest 1 ergeben.**
Beispiele: 322, 451, 712, 553, ...

c **Das ist nicht möglich, da der Rest nie größer als 3 sein kann.**

18

$500 \cdot 6 = 3000$

$3000 : 2 = 1500$

$3000 : 3 = 1000$

$1500 + 1000 + 500 = 3000$

Antwort: **Das erste Kind bekommt 1 500 Euro und das zweite Kind bekommt 1 000 Euro.**

19 a

928
426 | **502**
154 | **272** | 230
80 | **74** | 198 | **32**

b

97 | **18** | 54 | **20**
115 | **72** | 74
187 | 146
333

20

- [ ] 980 – 12
- [x] 980 · 12
- [ ] 980 : 12
- [ ] 980 + 12

21

7	**4**	**2**
5		**8**
1	**9**	**3**

22

Pyramide 1:

100 000

100 | **1 000**

20 | **5** | 200

4 | 5 | 200 | **1**

Pyramide 2:

691 200

480 | **1 880**

20 | 24 | **60**

10 | **2** | 12 | 5

Pyramide 3:

50 625

135 | **375**

9 | **15** | 25

3 | **3** | **5** | **5**

Kompetenzbereich: Größen und Messen

1

Menge	Preis
100 g	**0,70 €**
200 g	1,40 €
850 g	**5,95 €**
250 g	1,75 €

2 a Nils hat mindestens **drei** (**50 ct**, **10 ct**, **5 ct**) Münzen.

b Elif hat mindestens **sechs** (**2 €**, **2 €**, **2 €**, **20 ct**, **10 ct**, **5 ct**) Münzen.

c Norman hat **3,88 €** (**2 €**, **1 €**, **50 ct**, **20 ct**, **10 ct**, **5 ct**, **2 ct**, **1 ct**) in seiner Geldtasche.

3 a Sie werden **21** Mal (3 · 7 = 21) in einer Woche gefüttert.

b Sie werden **84** Mal (4 · 21 = 84) in einem Monat gefüttert.

4 **12 km, 3 km 45 m, 456 m, 78,9 m, 456 cm, 47 cm, 346 mm, 4 mm**

5 Es ist **22.30** Uhr.

6 **5 m + 2 m + 5 m + 2 m = 14 m**
14 m – 0,80 m = 13,20 m
Sie braucht **13,20** Meter Zaun.

7 a 543 min = **9** h **3** min

b 45 € 66 ct = **4 566** ct

c 5 km 104 m = **5 104** m

d 3 456 g = **3,456** kg

e 768 ct = **7** € **68** ct

f 6,5 kg = **6 500** g

8 **7 min + 10 min + 14 min + 20 min = 51 min**
20 sec + 27 sec + 35 sec + 15 sec = 97 sec
97 sec = 1 min 37 sec
51 min + 1 min 37 sec = 52 min 37 sec

Antwort: **Alle vier Geschichten dauern zusammen 52 min 37 sec**.

9 a 9,2 cm

b 40 mm

c 7 cm 8 mm

10 a Antwort: **Sie erhält 7 gleich lange Stücke und behält einen Rest von 3 Metern** (**38 m : 5 m = 7 Stück Rest 3 Meter**).

b Antwort: **Sie erhält 76 gleich lange Stücke** (**380 m : 5 m = 76 Stück**).

11

		richtig	falsch
a	Eine Tür ist ungefähr 4 Meter hoch.	☐	☒
b	Ein Mann ist ungefähr 2 Meter groß.	☒	☐
c	Ein Pkw wiegt ungefähr eine Tonne.	☒	☐
d	Eine Tafel Schokolade wiegt ungefähr ein Kilo.	☐	☒
e	Eine Kinovorstellung dauert ungefähr 2 Stunden.	☒	☐
f	Eine Schulstunde dauert ungefähr 20 Minuten.	☐	☒

12

		5	6	,	7	k	m	
	+	4	9	,	3	k	m	
	+	4	3	,	6	k	m	
	+	3	7	,	9	k	m	
	1	8	7	,	5	k	m	

Antwort: **Der Kilometerzähler zeigt nach vier Wochen 187,5 km an.**

13 a 160 mm [<] 1,6 m
280 m [>] 2,8 m
1 000 m [=] 1 km

b ¼ m [<] 350 m
1 ½ m [=] 150 cm
½ cm [<] 50 mm

14 **1 500 ml : 250 ml = 6**
Antwort: **Maik kann 6 Tassen füllen.**

15 a **10,60 € · 5 = 53,00 €**
Antwort: **Sie müssen 53,00 Euro für die Hin- und Rückfahrt bezahlen.**

b **1,20 € · 50 = 60,00 €**
60,00 € – 53,00 € = 7,00 €
Antwort: **Sie haben mit dem Zehnerfahrschein 7 Euro gespart.**

16

a	13:23	1 h 57 min später	**15:20**
b	9:45	4 h 45 min später	**14:30**
c	18:34	39 min später	**19:13**

17

A	B	C
200 g = 1,20 €	500 g = 3,00 €	1 000 g = 5 €
100 g = 0,60 €	**100 g = 0,60 €**	**100 g = 0,50 €**
Menge A ☐	Menge B ☐	Menge C ☒

18 a

Gewicht	100 g	400 g	1 kg	4 kg	10 kg	12 kg
Preis	**0,26 €**	**1,04 €**	2,60 €	**10,40 €**	**26 €**	**31,20 €**
Preis	**0,45 €**	**1,80 €**	**4,50 €**	**18 €**	45 €	**54 €**

b

Gewicht	100 ml	¼ l	1 l	1 ½ l	5 l	10 l
Preis	**0,48 €**	1,20 €	**4,80 €**	**7,20 €**	**24 €**	**48 €**
Preis	**0,90 €**	**2,25 €**	**9 €**	**13,50 €**	45 €	**90 €**

19 80 kg – 25,5 kg = 54,5 kg
Antwort: **Sie darf höchstens 54,5 Liter Wasser in das Aquarium schütten.**

20

Abfahrt	Ankunft	Fahrtdauer
7:16	**9:18**	2 h 02 min
11:27	22:09	**10 h 42 min**
21:05	3:11	6 h 06 min
23:16	1:49	**2 h 33 min**
16:06	17:03	57 min

Kompetenzbereich: Muster und Strukturen

1

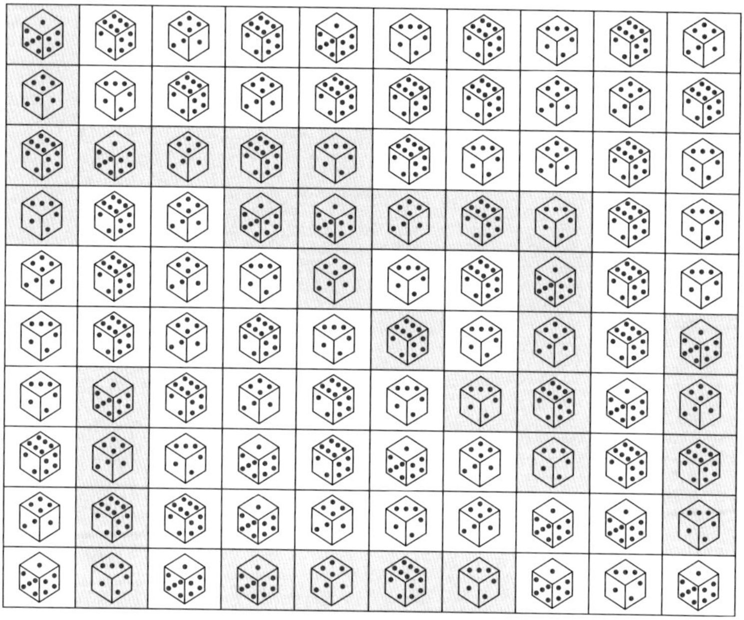

2
a 1 3 5 7 9 ~~12~~ 13 15
b 21 41 ~~51~~ 81 101 121 141
c 350 330 310 290 ~~280~~ 250 230
d 7 14 ~~22~~ 28 35 42 49 56

3 a

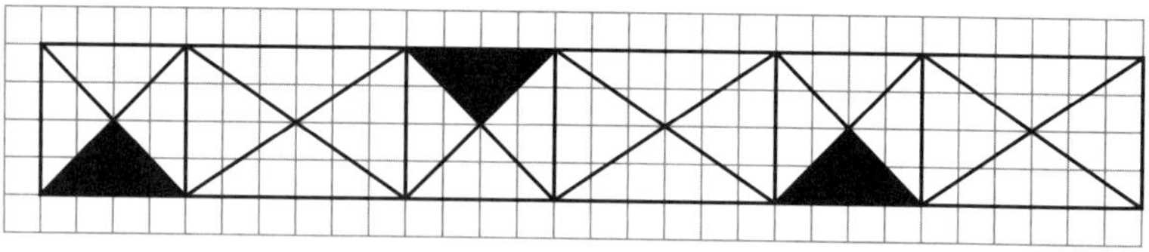

b

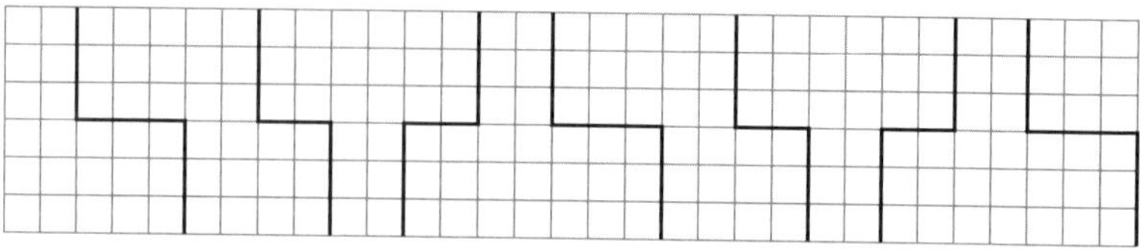

c

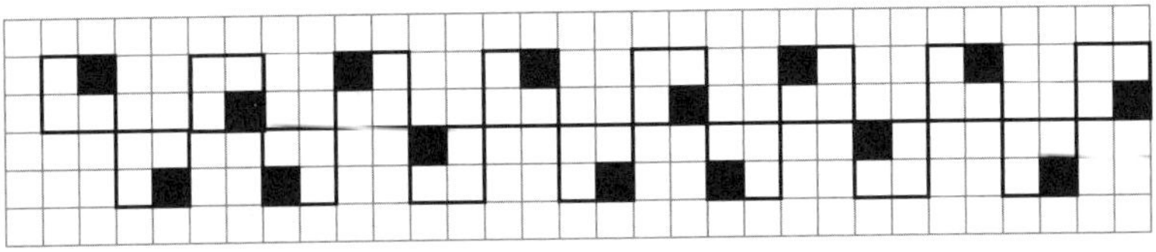

4 6 · 13 = **78**
5 · 12 = **60**
4 · 11 = **44**
3 · 10 = **30**

a Die Aufgabe heißt: **2 · 9 = 18**

b **Multiplikator und Multiplikant werden jeweils um 1 kleiner.**

5 a 160, 154, 148, 142, **136**, **130**, **124**, **118**

b 3, 6, 10, 15, 21, **28**, **36**, **45**, **55**

c 5, 10, 20, 40, **80**, **160**, **320**, **640**

6

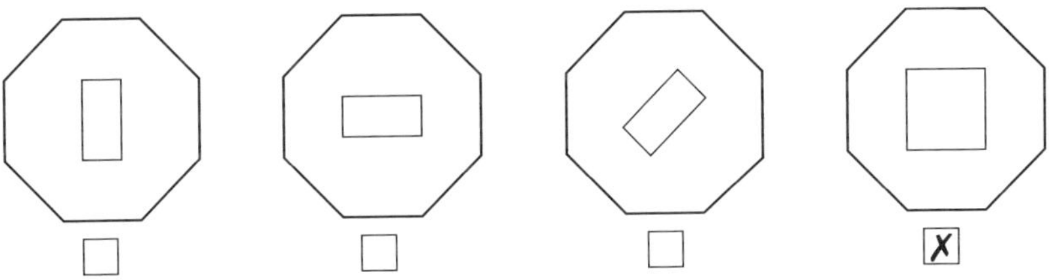

Begründung: **In der letzten Figur ist kein Rechteck, sondern ein Quadrat eingezeichnet.**

7 a 467, 476, 485, **494**, **503**, **512** Regel: **plus 9**

b 680, **650**, 620, **590**, 560, **530** Regel: **minus 30**

c 6, 18, 54, **162**, **486**, **1 458** Regel: **mal 3**

d **6**, 12, **18**, 24, **30**, **36** Regel: **plus 6**

e 24, 48, **96**, 192, **384**, **768**, 1 536 Regel: **mal 2**

f *Lösungsvorschlag:*
500, 450, 400, 350, 300, 250 Regel: **minus 50**

8 Dieses Zeichen wird an der 17. Stelle stehen: 

9 Dieses Zeichen wird an der 29. Stelle stehen: 

10 a

251		**253**		**255**
261	**262**	**263**	**264**	265
271		**273**		

262		**264**		
272	273	**274**	**275**	
		284		**286**

b

201	202								
	212			**215**		217			
	222			**225**					
				235					
				245					
									260
261		263							
						297			

11 a Begründung: **Die Aussage ist wahr, weil die Summe einer geraden und ungeraden Zahl immer eine ungerade Zahl ergibt.**

b Begründung: **Die Aussage ist nicht wahr, weil die Summe von zwei geraden und einer ungeraden Zahlen immer eine ungerade Zahl ergibt.**

12 a

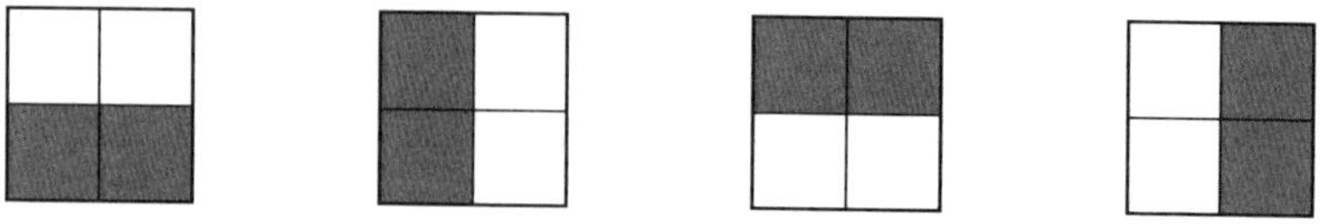

b 

c 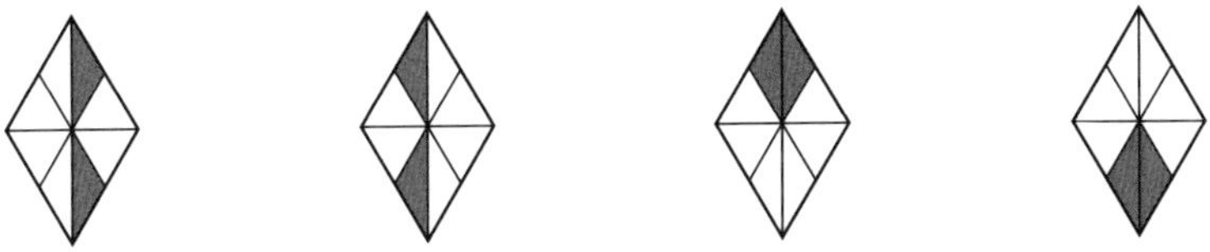

13 a

1	6	6
4	1	5
5	8	1

1	7	6
4	3	5
6	1	1

1	8	6
4	5	5
6	4	1

1	9	6
4	7	5
6	7	1

b **Die Summe wird in jeder Aufgabe um 30 größer, da der erste Summand in jeder Aufgabe um 10 und der zweite Summand um 20 größer werden.**

14 *Lösungsvorschlag:* Da sich der Deckstein immer um 7 erhöht, könnte die Rechenregel für die Steine links lauten: + 3, für die Steine rechts + 4. Es gibt aber auch andere Möglichkeiten.

20
9 **11**
4 5 **6**

27
13 **14**
8 5 **9**

15

3	1	8	2	9	4	7	6	5
4	9	2	7	5	6	3	8	1
6	5	7	3	1	8	4	9	2
1	3	4	9	7	5	6	2	8
9	7	5	6	8	2	1	3	4
2	8	6	1	4	3	5	7	9
8	4	3	5	6	9	2	1	7
5	6	1	8	2	7	9	4	3
7	2	9	4	3	1	8	5	6

16 a

10	**20**	**40**	**80**	160

Regel: **mal 2**

b

120	**230**	**340**	**450**	560

Regel: **plus 110**

c

1	**4**	**16**	**64**	256

Regel: **mal 4**

17 a

Klötze	1	2	**3**	**4**	**5**
Möglichkeiten	2	**3**	**5**	**8**	**13**

b **Aus der Summe der beiden vorhergehenden Möglichkeiten ergibt sich die Anzahl der zu errechnenden Möglichkeit: 2 + 3 = 5; 3 + 5 = 8**

c **Durch das Fortführen dieser Reihe ergeben sich für das 14. Stockwerk dann 987 Möglichkeiten.**

Kompetenzbereich: Raum und Form

1

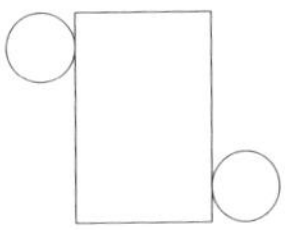

Zylinder

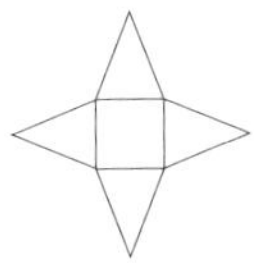

Pyramide

Kegel

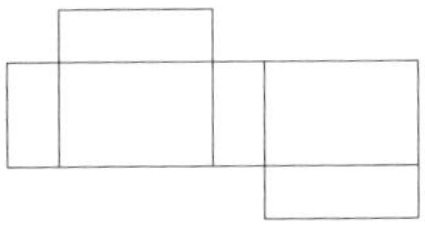

Quader

2

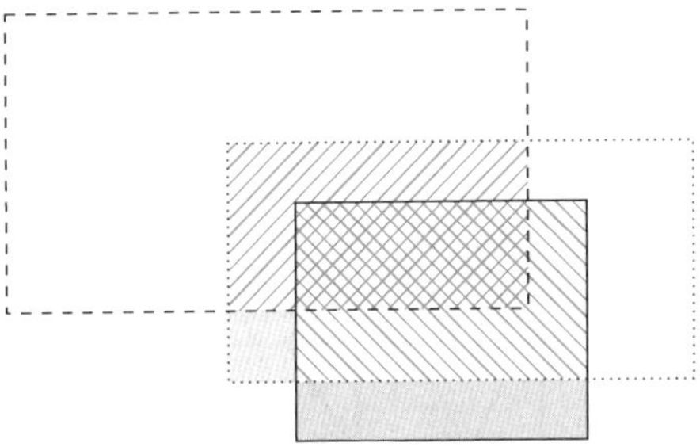

Antwort: In der Figur sind **8** Rechtecke.

3 a

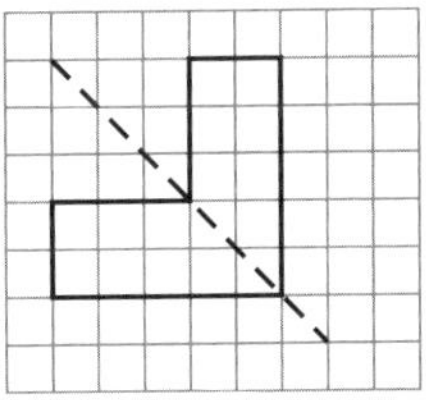

b

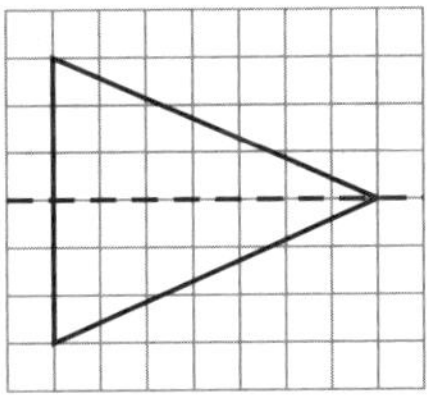

c

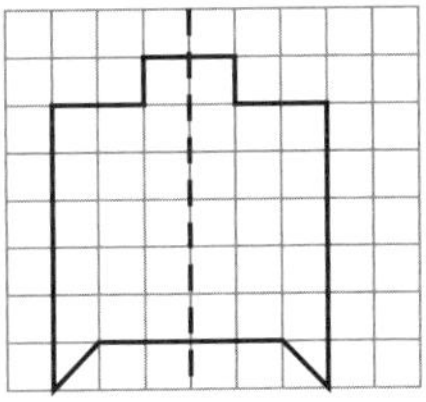

d

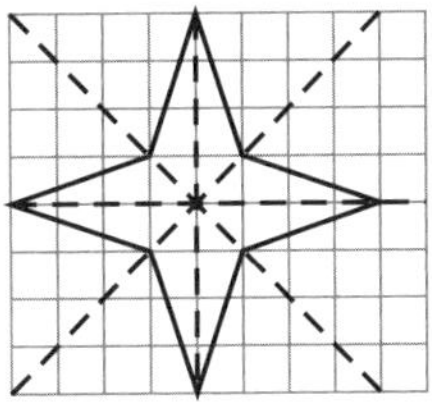

e
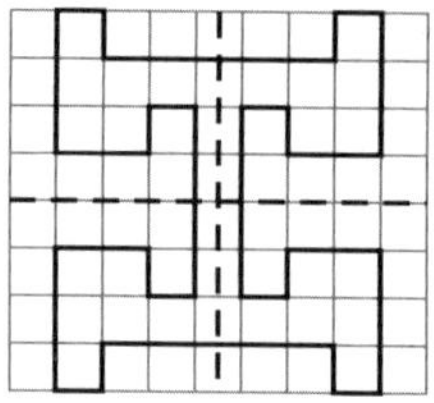

f
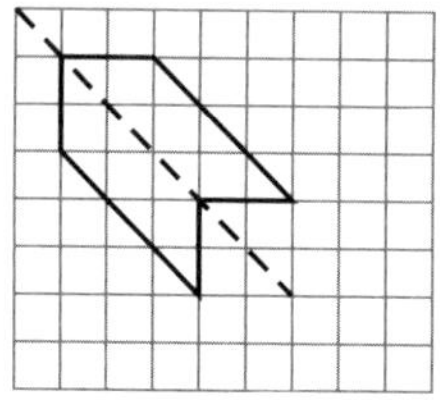

4 a
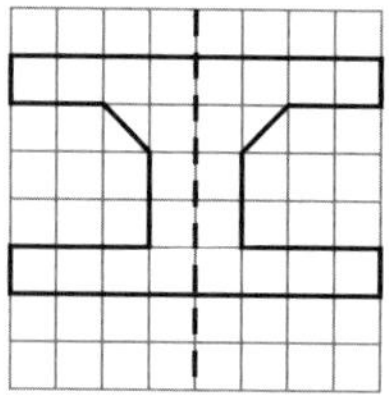

b
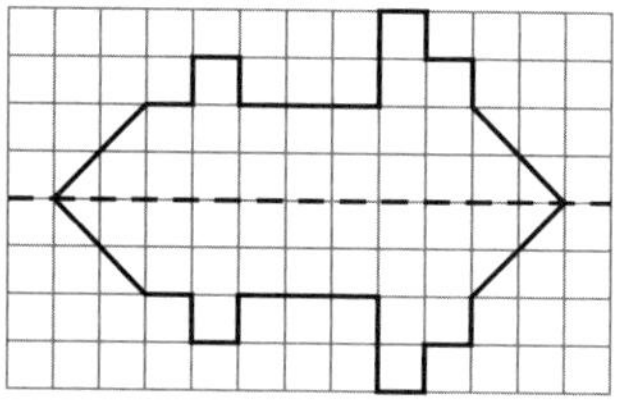

c
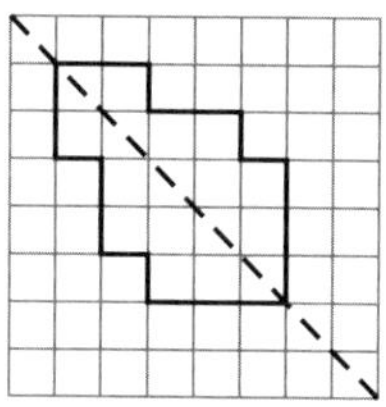

d
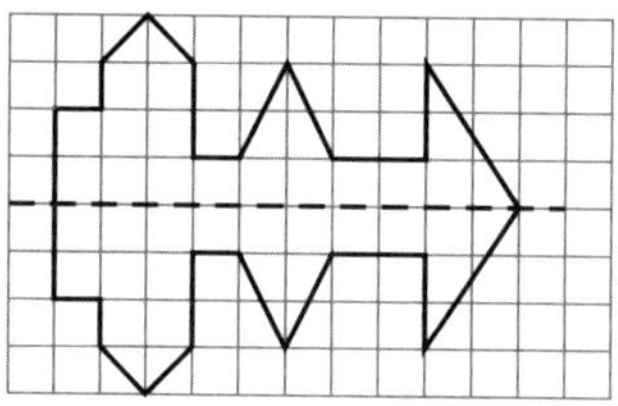

5 Antwort: **Figur E**.

Begründung: **Figur E besteht aus 44 Quadraten, Figur A und B aus 28 Quadraten, Figur C aus 34 Quadraten, Figur D aus 24 Quadraten.**

6
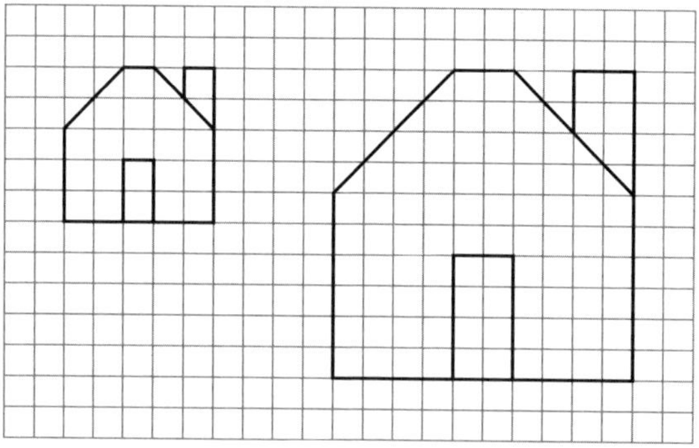

7

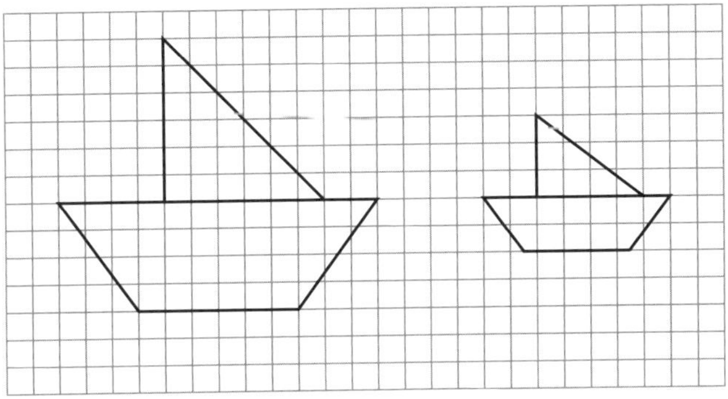

8

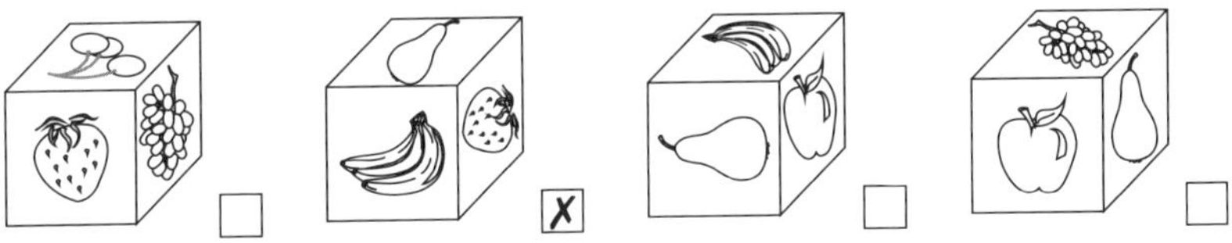

9 a

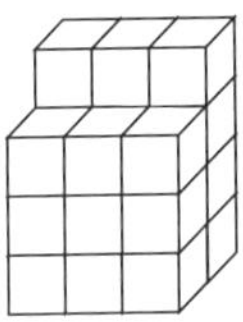

	4	4	4	
	3	3	3	

b

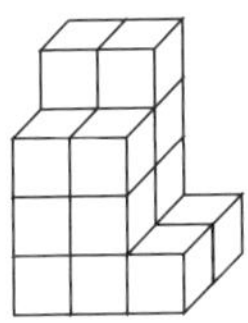

	4	4	1	
	3	3	1	

c

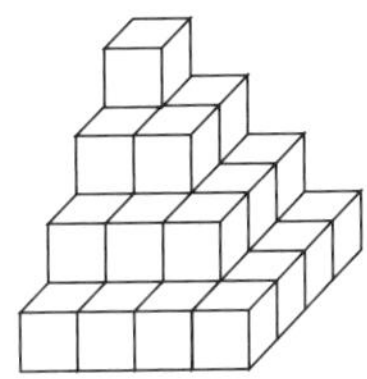

	4	3	2	1
	3	3	2	1
	2	2	2	1
	1	1	1	1

d Antwort: **25 Würfel**

10

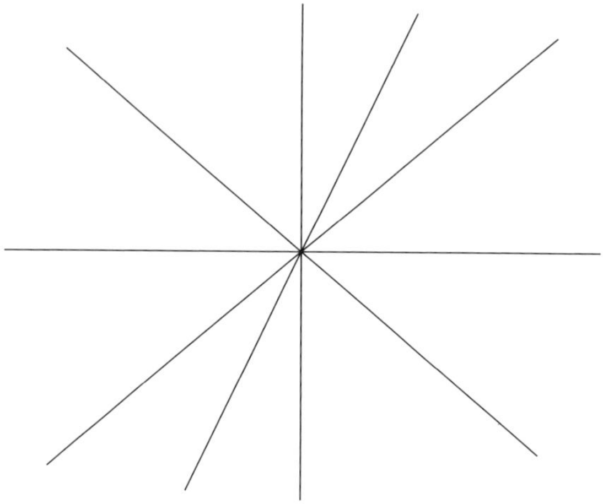

Antwort: **Es entstehen 10 Nachbargebiete.**

11 b Pyramide
c Würfel
d Quader
e Kegel

12 a Von rechts:

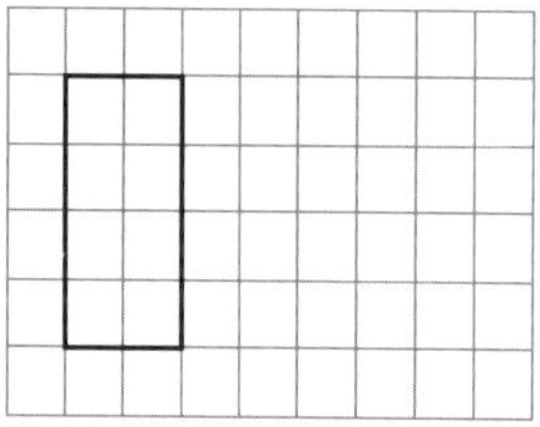

b Von oben:

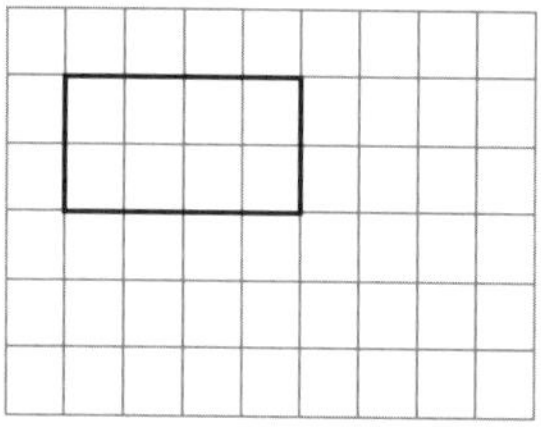

c Von vorn:

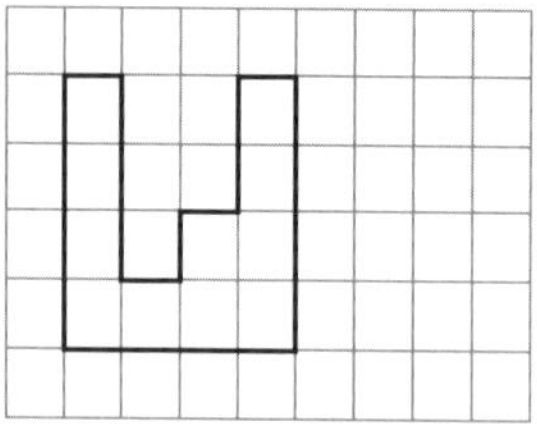

d Von links:

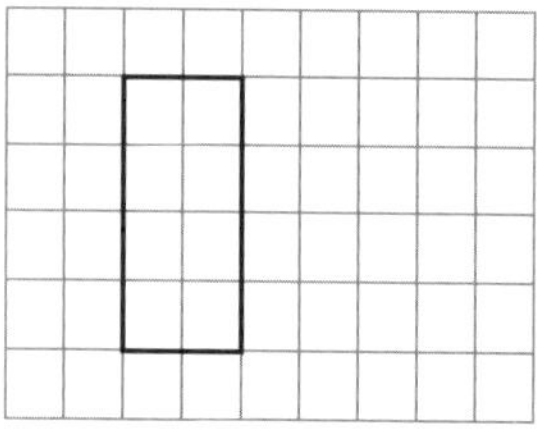

13 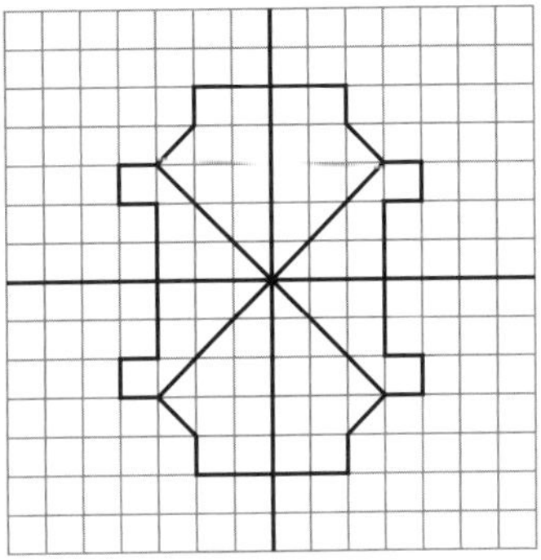 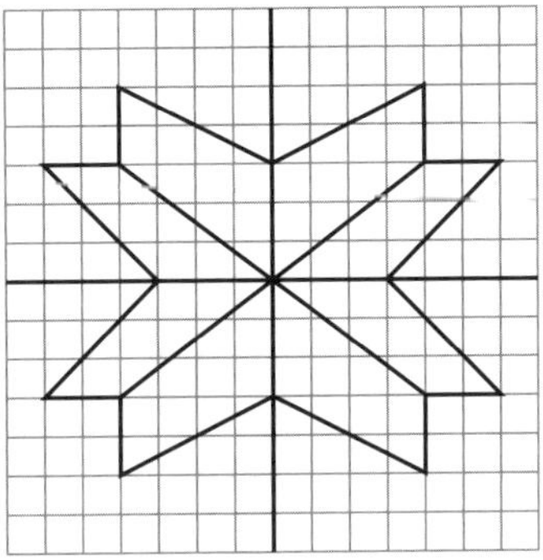

14 Antwort: **55 Augen sind verdeckt.**

Kompetenzbereich: Daten, Häufigkeiten und Wahrscheinlichkeiten

1 a

April:	**50 000**
Mai:	**60 000**
Juni:	**50 000**
Juli:	**60 000**
August:	**50 000**
September:	**50 000**

b Antwort: **Es kamen durchschnittlich 320 000 Zuschauer.**

2 Antwort: **Die Mädchen geben sich insgesamt sechs Mal die Hand. Jedes der vier Mädchen gibt drei anderen die Hand.**

3 Antwort: **Es gibt 15 Kombinationsmöglichkeiten.**
Rechnung: $5 \cdot 3 = 15$

4 a

Montag:	**40 min**
Dienstag:	**30 min**
Mittwoch:	**25 min**
Donnerstag:	**45 min**
Freitag:	**15 min**

b Antwort: **Am Donnerstag braucht sie am längsten Zeit für ihre Hausaufgaben.**

c Antwort: **Am Freitag braucht sie am wenigsten Zeit für ihre Hausaufgaben.**

d Antwort: **Sie braucht insgesamt 155 Minuten oder 2 Stunden 35 Minuten für ihre Hausaufgaben in einer Woche.**

5 a Antwort: **Sie muss höchstens sechs Socken von der Leine nehmen, um ein Paar gestreifte anziehen zu können.**

b Antwort: **Sie muss höchsten acht Socken von der Leine nehmen, um ein Paar gleichfarbige Socken anziehen zu können.**

6 a Welches Hobby haben die meisten Kinder? **Sport**

b Wie viele Kinder haben das Hobby Computer? **8 Kinder**

c Welches Hobby haben die wenigsten Kinder? **Malen**

d Wie viele Kinder haben an der Umfrage teilgenommen? **31 Kinder**

7 a Antwort: **Er braucht in einer Woche 497 Liter Wasser.**

b Antwort: **Sie braucht in einer Woche 297 Liter Wasser.**

c Antwort: **Er braucht in einer Woche 328,5 Liter Wasser.**

d Antwort: **Sie braucht in einer Woche 508,5 Liter Wasser.**

e Antwort: **Es werden in der Woche 279 Liter Wasser verbraucht.**

f Antwort: **Sie verbrauchen zusammen 1 910 Liter Wasser in einer Woche.**

8

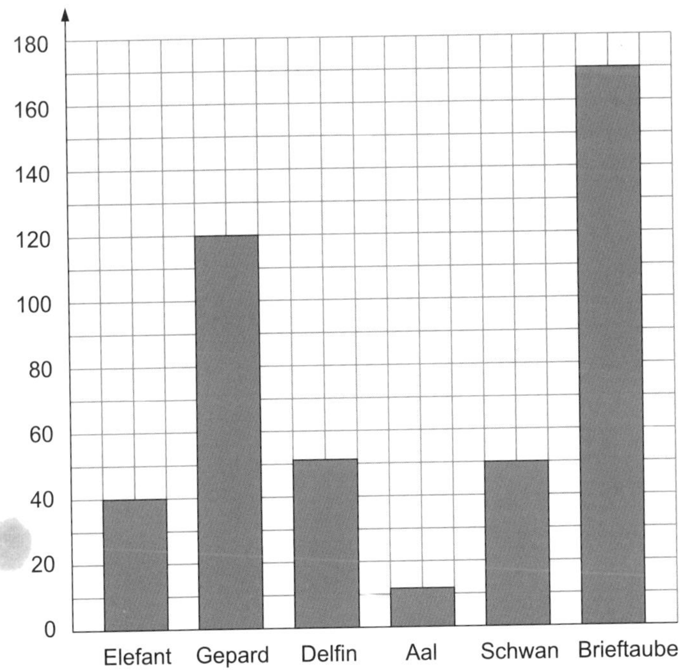

9 a

	richtig	falsch
Christian hat nicht das gelbe Fahrrad.	☐	☒
Lorenz hat nicht das rote Fahrrad.	☒	☐
Markus hat das gelbe Fahrrad.	☐	☒

b **Lorenz** hat das schwarze Fahrrad. **Christian** hat das gelbe Fahrrad. **Markus** hat das rote Fahrrad.

10 a

Frankfurt/Main	**660 000** Einwohner
Emden	**50 000** Einwohner
Osnabrück	**160 000** Einwohner
Dresden	**510 000** Einwohner
Wiesbaden	**280 000** Einwohner
Stuttgart	**600 000** Einwohner
Hannover	**520 000** Einwohner

11 Antwort: Es gibt 24 Möglichkeiten (**4 · 3 · 2 = 24)** Ziffernkombinationen zu bilden.

Lösungsheft zu Arbeitsheft Bildungsstandards
Mathematik 4. Klasse (Best.-Nr. 9990041)

ISBN 978-3-86668-166-8

9 783866 681668

7 Löse die Zahlenrätsel.

a Das Zehnfache meiner Zahl ist 100 000. ______

b Der zehnte Teil meiner Zahl ist 250. ______

c Verdreifache ich meine Zahl, so erhalte ich 450. ______

d Der vierte Teil meiner Zahl heißt 150. ______

8 Setze die passenden Zahlen ein.

a 6 710 + ______ = 10 000

b 48 000 – ______ = 39 600

c 25 · ______ = 2 000

d 64 000 : ______ = 80

9 Welche Rechengeschichte passt zu der Aufgabe 5 · 15 = ______
Kreuze an.

- ☐ In einem Zoo leben 5 Elefanten und 15 Affen.
- ☐ Die 15 Affen leben in 5 verschiedenen Käfigen.
- ☐ In jedem der 5 Käfige gibt es 15 Kletterbäume.
- ☐ Keine der Rechengeschichten passt.

10 Trage die richtigen Ziffern ein.

a 46 + 45 = ☐☐

5☐ + ☐7 = 82

28 + ☐ = ☐5

☐7 + 18 = 5☐

b 77 + ☐☐ = 95

☐9 + 36 = 5☐

4☐ + ☐8 = 76

34 + 53 = ☐☐

11 Berechne die fehlenden Zahlen und trage sie ein.

+	368	
589		1 560
128		
	458	
740		

12 a Multipliziere die Zahlen 1 100 und 25. Dividiere das Ergebnis durch 5.

b Addiere die Zahlen 1 100 und 35. Subtrahiere das Ergebnis von der Zahl 2 560.

c Bilde das Produkt aus den Zahlen 1 100 und 28. Dividiere das Ergebnis durch 4.

13 Ergänze die fehlenden Ziffern.

a

2	3		6	·	6
	1	4	0	7	6

b

4			5	·	4
	1	6	9	4	0

c

		6	5	·	7
	2	0	7	5	5

d

3		6		·	2
			1		6

14 Das Staatstheater in Braunschweig hat 956 Plätze. Alle neun Vorstellungen im Monat März waren ausverkauft.

Frage:

Rechnung:

Antwort:

15 Überschlage zuerst und rechne dann schriftlich.

a 4 355 · 46 Überschlag: ____________________

Rechnung:

b 4 319 : 7 Überschlag: ____________________

Rechnung:

16 Herbstzeit – Erntezeit! Löse die Aufgaben.

a Welche Zahlen sind teilbar durch 2, 3, 4, 5 oder 9? Trage in die Tabelle ein.

Teilbar durch 2	**Teilbar durch 3**	**Teilbar durch 4**	**Teilbar durch 5**	**Teilbar durch 9**

b Max sagt: Ich muss nicht immer rechnen. Stimmt das? Begründe.

____

____

____

17 a Finde 4 dreistellige Zahlen, die beim Dividieren durch 5 den Rest 3 ergeben.

____

b Finde 4 dreistellige Zahlen, die beim Dividieren durch 8 den Rest 6 ergeben.

____

c Kannst du beim Teilen einer Zahl durch 4 den Rest 6 erhalten? Begründe.

____

____

____

18 Drei Geschwister haben von ihrer Oma Geld geerbt. Das erste Kind bekommt die Hälfte und das zweite Kind den 3. Teil der Gesamtsumme. Das dritte Kind bekommt den 6. Teil und das sind 500 Euro.
Wie viel Euro bekommen die ersten beiden Kinder?

Antwort: ____

19 Ergänze die fehlenden Zahlen.

a

928			
426			
154		230	
80		198	

b

97		54	
115		74	
	146		
333			

20 In einer Spielwarenfabrik werden am Montag 980 Säckchen mit Murmeln gefertigt. Jedes Säckchen enthält 12 Murmeln. Wie viele Murmeln werden geliefert?
Welche Rechnung passt zur Aufgabe?

- ☐ 980 –12
- ☐ 980 · 12
- ☐ 980 : 12
- ☐ 980 + 12

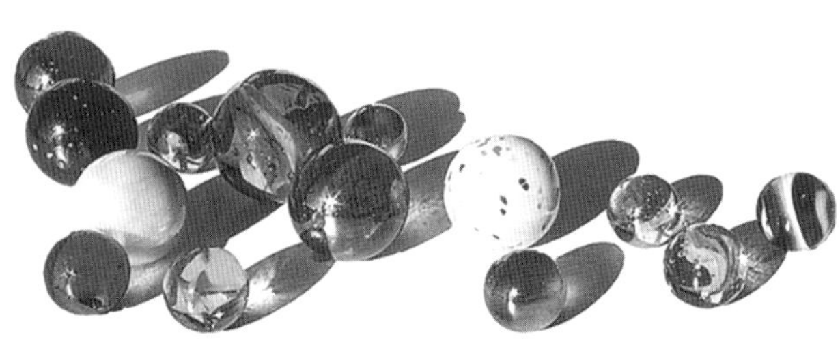

21 Trage die Zahlen 1, 2, 3, 4, 5, 7, 8 und 9 in die leeren Felder so ein, dass die Summe an allen vier Seiten 13 ergibt.

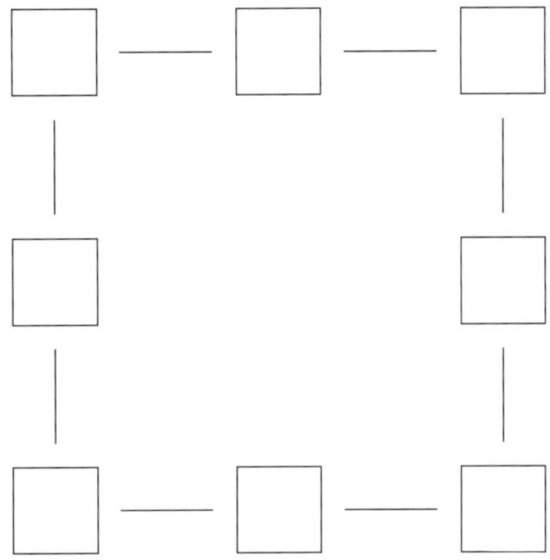

22 Ergänze die fehlenden Zahlen bei diesen Multiplikations-Pyramiden.

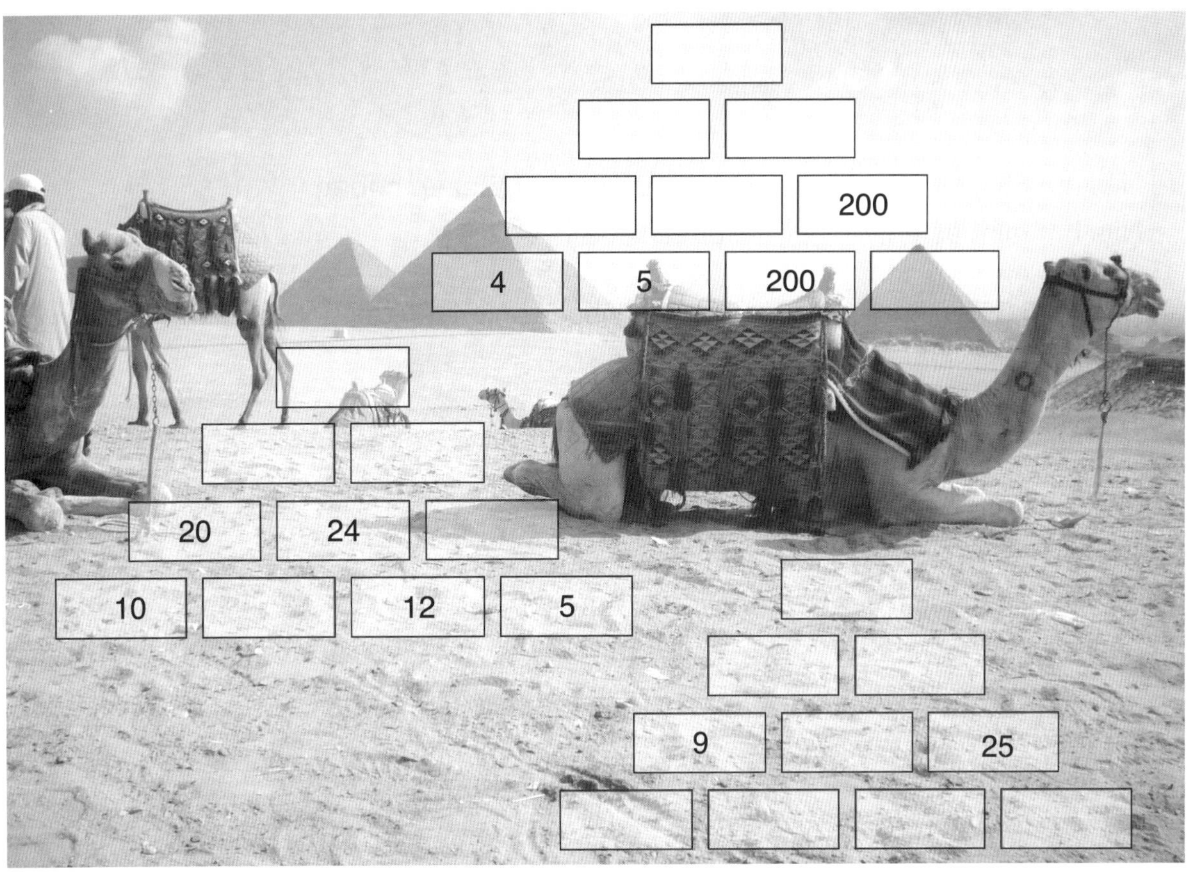

Kompetenzbereich: Größen und Messen

1 Ein Kilogramm Trockenfutter kostet 7 €.
Trage die fehlenden Preise und Trockenfutter-Mengen in die Tabelle ein.

Menge	Preis
100 g	
	1,40 €
850 g	
	1,75 €

2 Es gibt folgende Münzen:

a Nils hat 65 Cent. Er möchte möglichst wenig Münzen haben.
Nils hat mindestens _______ Münzen.

b Elif hat 6,35 €. Auch sie möchte möglichst wenig Münzen haben.
Elif hat mindestens _______ Münzen.

c Norman hat von jeder Münze genau eine in seiner Geldtasche.
Norman hat ______________ Euro in seiner Geldtasche.

3 Die Esel im Hannover Zoo werden täglich dreimal gefüttert.

a Wie oft werden sie in einer Woche gefüttert?

Sie werden _______ Mal in einer Woche gefüttert.

b Wie oft werden sie in einem Monat gefüttert?

Sie werden _______ Mal in einem Monat gefüttert.

4 Ordne folgende Längen der Größe nach. Beginne mit der längsten.

47 cm 4 mm 456 cm 346 mm
78,9 m 3 km 45 m 12 km 456 m

____

____

5 Lore möchte morgen verreisen. Um pünktlich am Bahnhof zu sein, muss sie am nächsten Morgen schon um 5 Uhr aufstehen. Ihr bleiben nur noch sechseinhalb Stunden zum Schlafen. Wie spät ist es?

Antwort: Es ist ____________ Uhr.

6 Lisa hat im Garten ihrer Eltern ein Beet bekommen.

2 m

5 m

Sie möchte um ihr Beet einen Zaun ziehen.
Im Zaun soll für ein 80 cm großes Tor Platz bleiben.
Wie viele Meter Zaun braucht sie?

Antwort: Sie braucht ____________ Meter Zaun.

7 Rechne in die angegebene Einheit um:

a 543 min = ______ h ______ min

b 45 € 66 ct = ______ ct

c 5 km 104 m = ______ m

d 3 456 g = ______ kg

e 768 ct = ______ € ______ ct

f 6,5 kg = ______ g

8 Marvin hat auf einer CD vier spannende Geschichten aufgenommen. Die erste Geschichte dauert sieben Minuten und 20 Sekunden. Die zweite Geschichte dauert 10 Minuten und 27 Sekunden. Die dritte Geschichte dauert 14 Minuten und 35 Sekunden und die vierte Geschichte dauert 20 Minuten und 15 Sekunde.
Wie viele Minuten Laufzeit hat die CD?

Antwort: ______________________________

9 Zeichne folgende Strecken.

a 9,2 cm

b 40 mm

c 7 cm 8 mm

10 Petra schneidet ein Band von 38 Metern in fünf Meter lange Stücke.

a Wie viele gleich lange Stücke erhält Petra und wie lang ist das Reststück?

Antwort: ______________________________

b Wie viele gleich lange Stücke würde Petra bei 380 Meter Band erhalten?

Antwort: ______________________________

11 Schätze und kreuze an.

	richtig	falsch
a Eine Tür ist ungefähr 4 Meter hoch.	☐	☐
b Ein Mann ist ungefähr 2 Meter groß.	☐	☐
c Ein Pkw wiegt ungefähr eine Tonne.	☐	☐
d Eine Tafel Schokolade wiegt ungefähr ein Kilo.	☐	☐
e Eine Kinovorstellung dauert ungefähr 2 Stunden.	☐	☐
f Eine Schulstunde dauert ungefähr 20 Minuten.	☐	☐

12 Samuel hat einen neuen Kilometerzähler für sein Fahrrad bekommen. In der ersten Woche fährt er 56,7 km, in der zweiten Woche 49,3 km, in der dritten Woche 37,9 km und in der vierten Woche 43,6 km.
Wie viel zeigt der Kilometerzähler nach den vier Wochen an?

Antwort: ______________________________

13 Setze ein: <, > oder =.

a 160 mm ☐ 1,6 m

280 m ☐ 2,8 m

1 000 m ☐ 1 km

b ¼ m ☐ 350 m

1 ½ m ☐ 150 cm

½ cm ☐ 50 mm

14 Maik hat Tee gekocht. Die Kanne fasst 1 ½ Liter. Er verteilt den Tee in Teetassen. In jede Teetasse passt ¼ Liter Tee.
Wie viele Tassen kann Maik füllen?

Antwort: ______________________________

15 Die Klasse 4a fährt mit der Straßenbahn mit 25 Kindern ins Theater.
Ein Zehnfahrtenschein kostet 10,60 €.

a Wie viel müssen die Kinder insgesamt für die Hin- und Rückfahrt bezahlen?

Antwort: ______________________________

b Ein Einzelfahrschein kostet 1,20 €. Wie viel haben die Kinder an der Fahrt durch den Gebrauch der Zehnerfahrscheine gespart?

Antwort: ______________________________

16 Trage die fehlenden Uhrzeiten ein.

a	13:23	1 h 57 m später	______________
b	9:45	4 h 45 min später	______________
c	18:34	39 min später	______________

17 In einem Süßwarenladen können Gummidrops abgewogen gekauft werden.
In welcher Menge sind die Gummidrops am preiswertesten? Kreuze an.

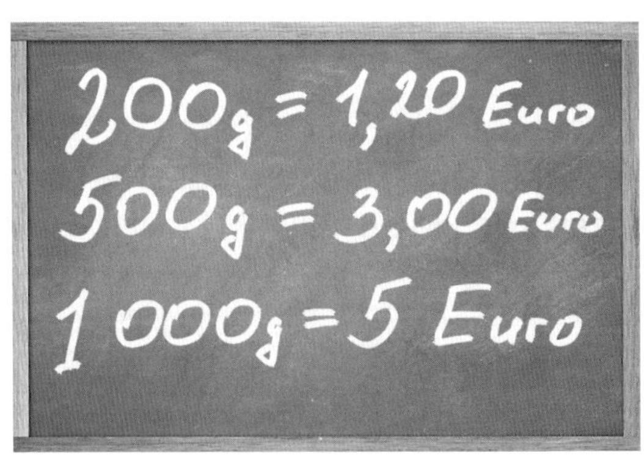

200 g = 1,20 €	500 g = 3,00 €	1 000 g = 5 €
Menge A ☐	Menge B ☐	Menge C ☐

18 Ergänze die Preistabellen.

a

Gewicht	100 g	400 g	1 kg	4 kg	10 kg	12 kg
Preis			2,60 €			
Preis					45 €	

b

Volumen	100 ml	¼ l	1 l	1 ½ l	5 l	10 l
Preis		1,20 €				
Preis					45 €	

19 Marie hat zum Geburtstag ein Aquarium bekommen, das 100 Liter fasst. Sie möchte es in ihrem Zimmer auf ein Regal stellen, das maximal mit 80 kg belastet werden darf. Sie weiß, dass das leere Aquarium 25,5 kg wiegt.
Wie viele Liter Wasser darf Marie höchstens in das Aquarium schütten?

Tipp
1 Liter = 1 Kilogramm ■

Antwort: ______________________________

____

20 Berechne die fehlenden Werte und trage sie in die Tabelle ein.

Abfahrt	Ankunft	Fahrtdauer
7:16		2 h 02 min
11:27	22:09	
	3:11	6 h 06 min
23:16	1:49	
	17:03	57 min

Kompetenzbereich: Muster und Strukturen

1 Suche die Bilder in dieser Reihenfolge und markiere sie farbig.

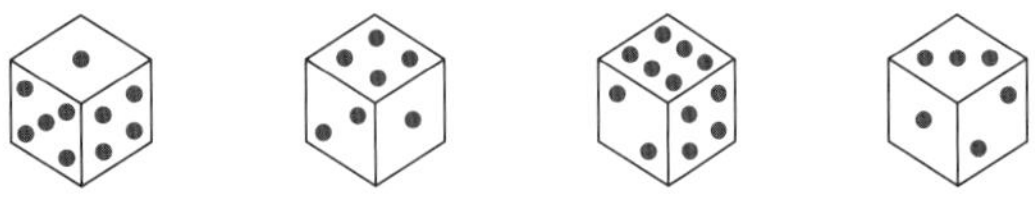

Suche auch waagerecht, senkrecht und diagonal.

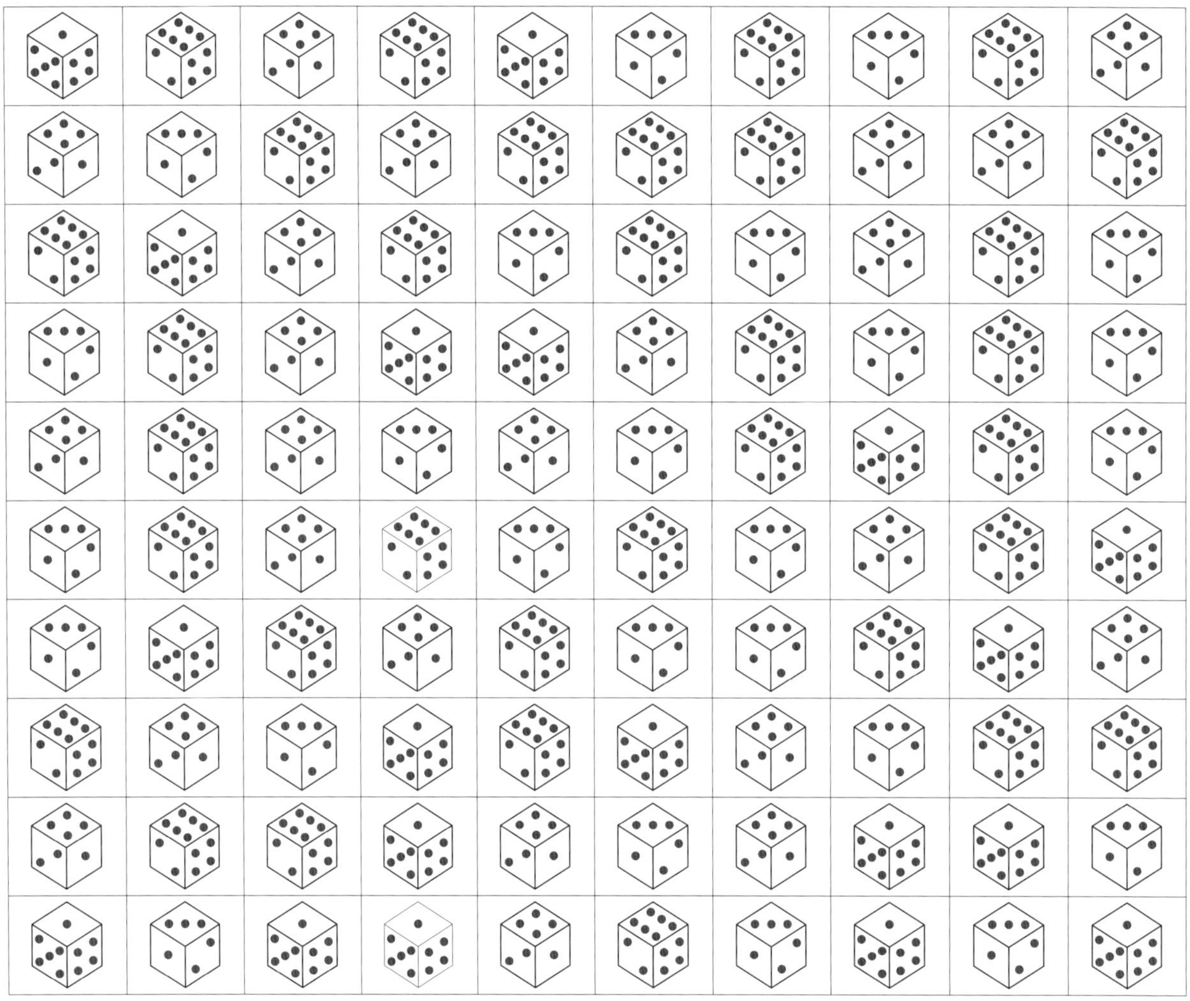

2 Was passt jeweils nicht in die Reihe?

a 1 3 5 7 9 12 13 15

b 21 41 51 81 101 121 141

c 350 330 310 290 280 250 230

d 7 14 22 28 35 42 49 56

3 Setze die Muster fort.

a
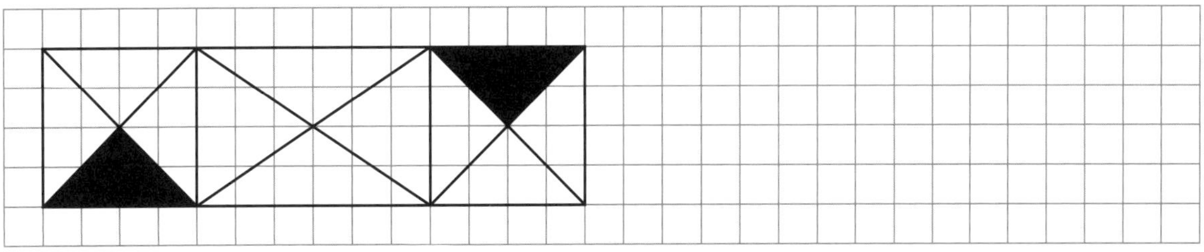

b
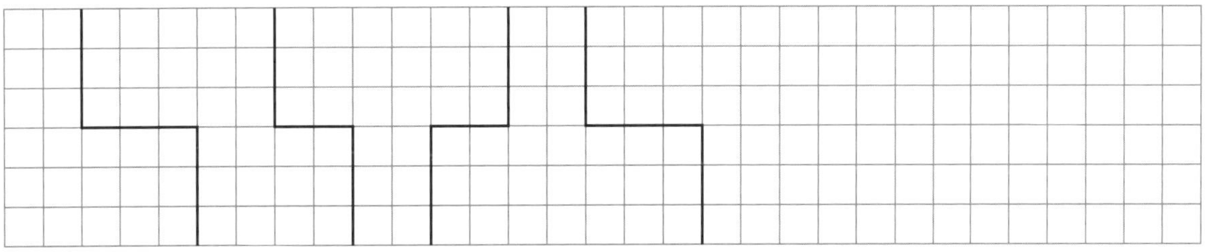

c
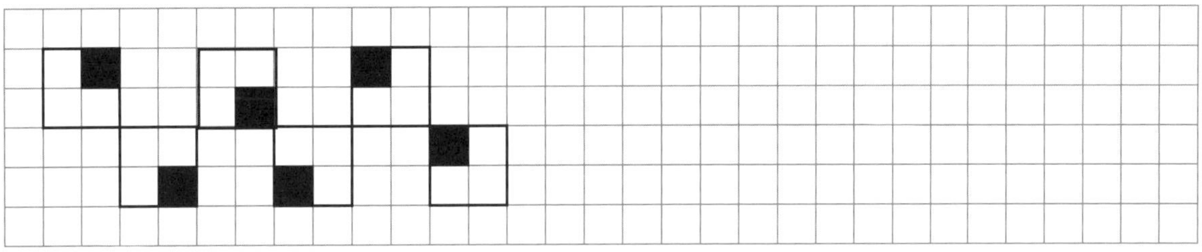

4 Rechne.

$6 \cdot 13 =$ ______

$5 \cdot 12 =$ ______

$4 \cdot 11 =$ ______

$3 \cdot 10 =$ ______

a Schau dir die Aufgaben genau an. Wie muss die nächste Aufgabe in der Folge heißen?

Die Aufgabe heißt: ______________________________

b Vergleiche die Ergebnisse miteinander. Was fällt dir auf?

____

____

5 Setze die Reihen fort.

a 160, 154, 148, 142, ______, ______, ______, ______

b 3, 6, 10, 15, 21, ______, ______, ______, ______

c 5, 10, 20, 40, ______, ______, ______, ______

6 Eine Figur in der Reihe gehört nicht dazu. Kreuze sie an.

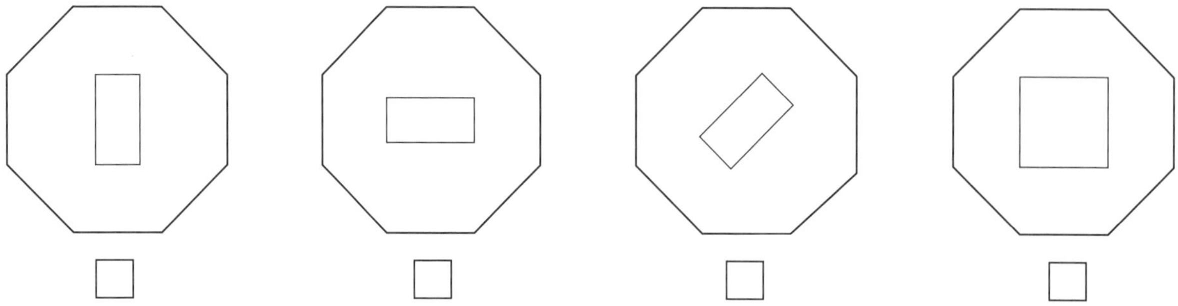

Begründung:

____

7 Finde zu jeder Reihe die passende Regel und vervollständige die Reihen.

a 467, 476, 485, ______, ______, ______ Regel: ______________

b 680, ______, 620, ______, 560, ______ Regel: ______________

c 6, 18, 54, ______, ______, ______ Regel: ______________

d ______, 12, ______, 24, ______, ______ Regel: ______________

e 24, 48, ______, 192, ______, ______, 1 536 Regel: ______________

f Finde nun selbst eine Reihe und nenne die passende Regel.

______, ______, ______, ______, ______, ______ Regel: ______________

8 Welches Symbol wird an der 17. Stelle stehen?

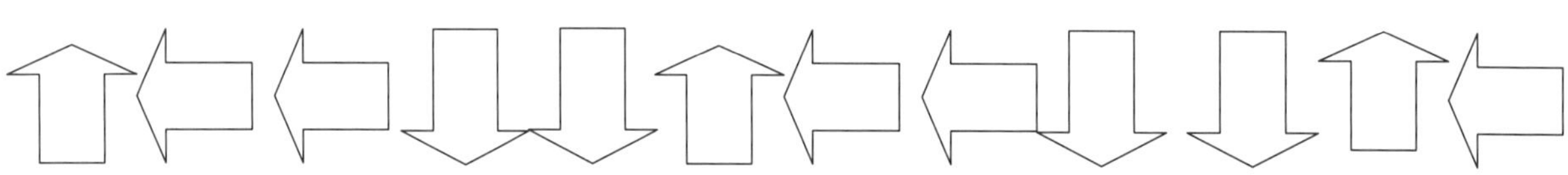

Antwort: Dieses Symbol wird an der 17. Stelle stehen: __________

9 Welches Symbol wird an der 29. Stelle stehen?

Antwort: Dieses Symbol wird an der 29. Stelle stehen: __________

10 Löse mithilfe der Zweihundertertafel

201	202								
	212					217			
	222								
								239	
	242			245					
									260
261		263							
						297			

a Fülle die Ausschnitte aus der Zweihundertertafel aus.

251				
				265

	273			

b Färbe auf der Tafel vier senkrechte Zahlen mit der Summe 920.

11 Sind die folgenden Aussagen für die Zweihundertertafel wahr oder falsch?

a Die Summe von zwei nebeneinander liegenden Zahlen ist immer ungerade.

Begründung: ______________________________

____

b Die Summe von drei nebeneinander liegenden Zahlen ist immer gerade.

Begründung: ______________________________

____

12 Zeichne die Muster weiter.

a

b

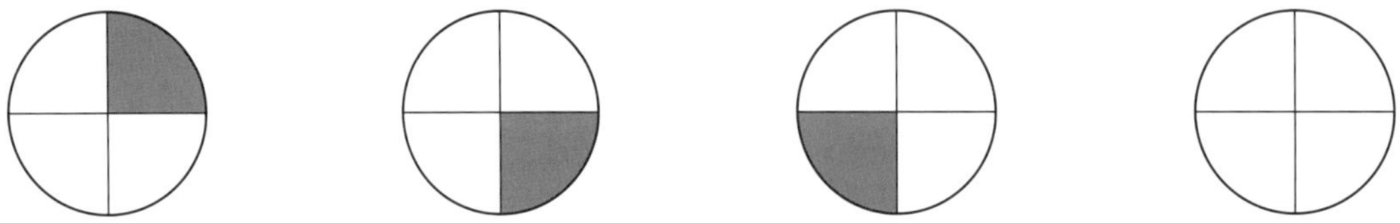

c

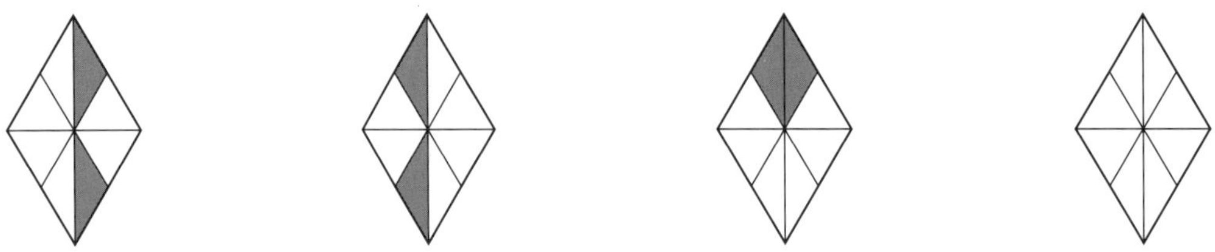

13 Die erste Aufgabe ist bereits ausgerechnet.

1	6	6
4	1	5
5	8	1

1	7	6
4	3	5

1	8	6
4	5	5

a Berechne die zweite und dritte Aufgabe. Wie muss die vierte Aufgabe heißen? Schreibe sie auf und berechne sie.

b Was fällt dir auf?

14 Luis hat sich eine Zahlenmauern-Kette ausgedacht.
Wie könnte die Kette aussehen, wenn in jeder Reihe eine bestimmte Regel gilt?
Vervollständige die Zahlenmauern.

	13	
5		8
0	5	3

	5	

	27	
	5	

15 Löse das Sudoku Zahlenrätsel.

Beachte: In jedem 9×9 Gitter müssen alle Ziffern von 1 bis 9 stehen. Jede Ziffer darf aber in einem Block, in einer Spalte und in einer Reihe nur einmal vorkommen.

3	1			9				
		2	7	5	6			1
	5				8	4	9	2
		4			5	6	2	
9	7						3	4
	8	6	1			5		
8	4	3	5				1	
			8	2	7	9		
				3			5	6

16 Die Start- und Zielzahlen der Zahlenfolge sind gegeben.
Finde die restlichen Zahlen und nenne die Regel.

a

10				160

Regel: ____________

b

120				560

Regel: ____________

c

1				256

Regel: ____________

17 Hanna baut für ihre kleinen Schwester Lena einen Turm aus Bauklötzen. Dabei hat sie die Wahl zwischen grünen und gelben Klötzen. Hanna nimmt sich vor, dass grüne Klötze nicht übereinanderliegen dürfen.

a Hanna überlegt sich, wie viele verschiedene Türme sie aus 1, 2, 3 oder 4 Bauklötzen bauen kann. Vervollständige die Tabelle.

Klötze	1	2		
Möglichkeiten	2			

b Erkennst du in der Tabelle einen Zusammenhang?

____

c Wie viele verschiedene Türme mit 14 Stockwerken gibt es?

Antwort: ________________________________

Kompetenzbereich: Raum und Form

1 Welches Netz gehört zu welchem Körper? Trage ein.

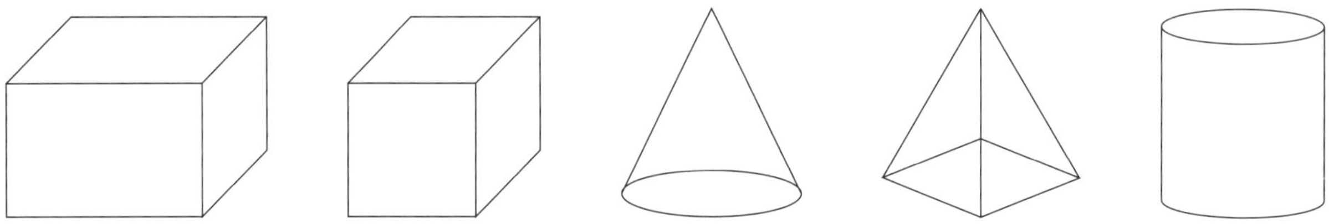

Quader   Würfel   Kegel   Pyramide   Zylinder

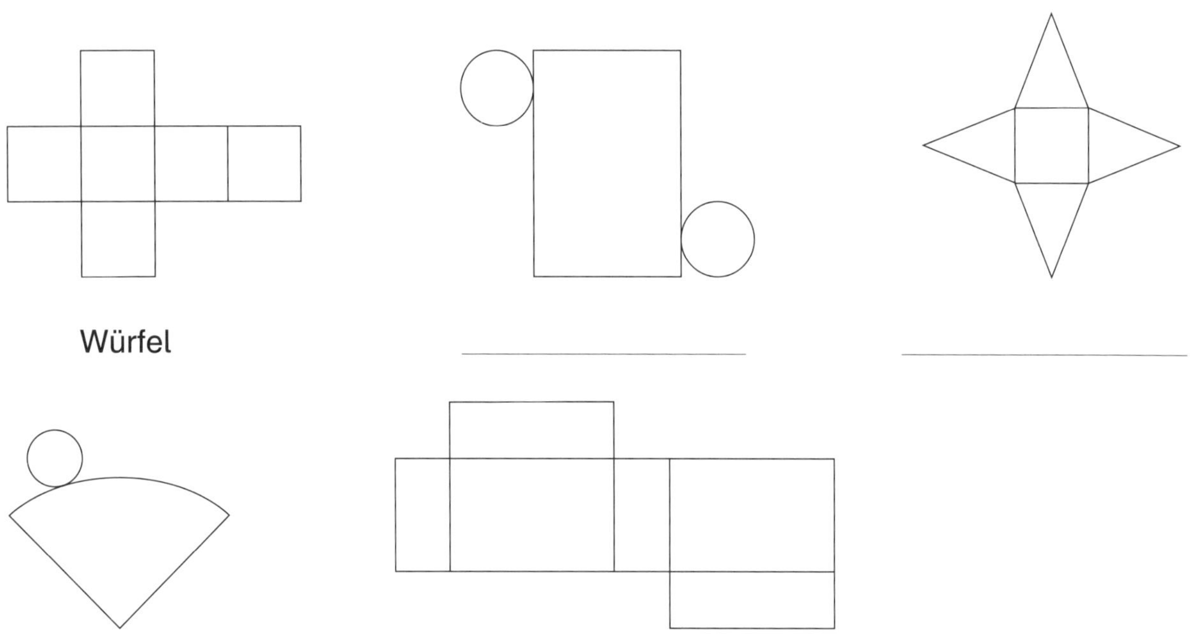

Würfel   ___________   ___________

___________   ___________

2 Wie viele Rechtecke siehst du in dieser Figur?

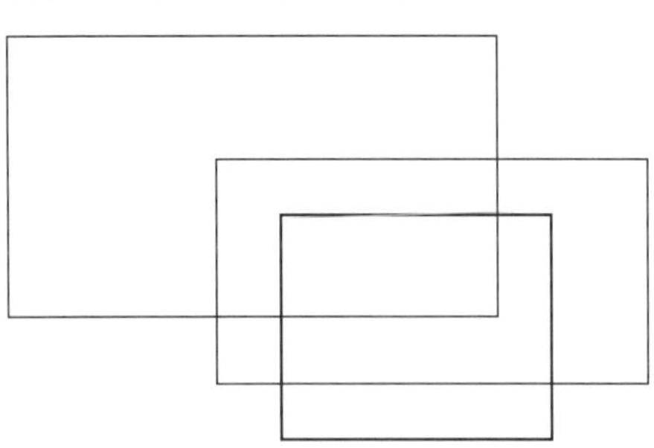

Antwort: In der Figur sind ______ Rechtecke.

3 Zeichne in die Figuren alle Symmetrieachsen ein. Manche Figuren haben mehrere Symmetrieachsen.

a
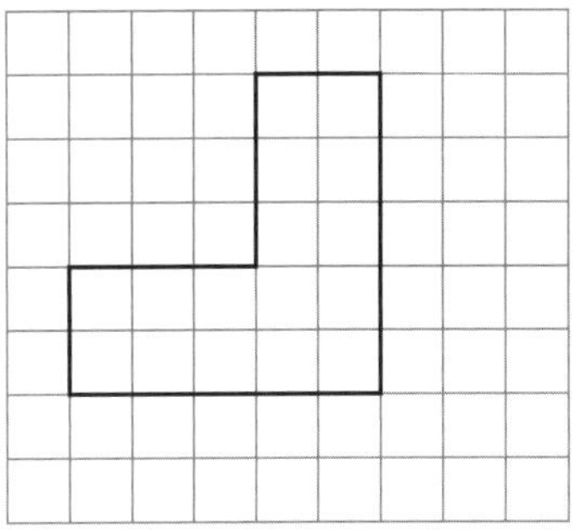

b
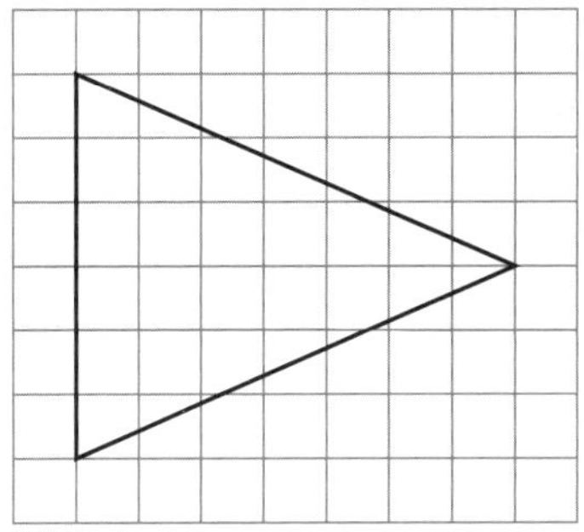

c
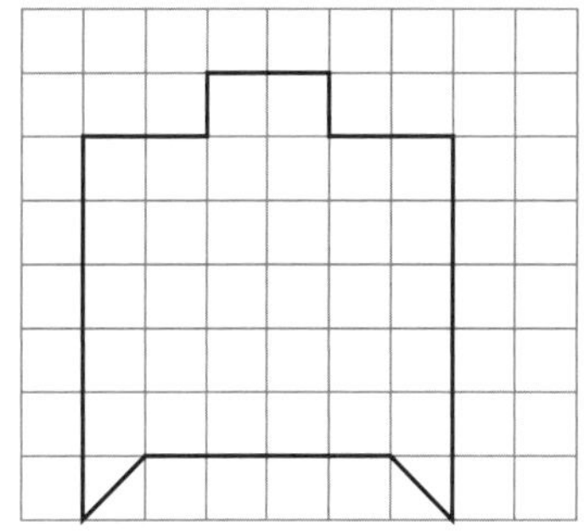

d
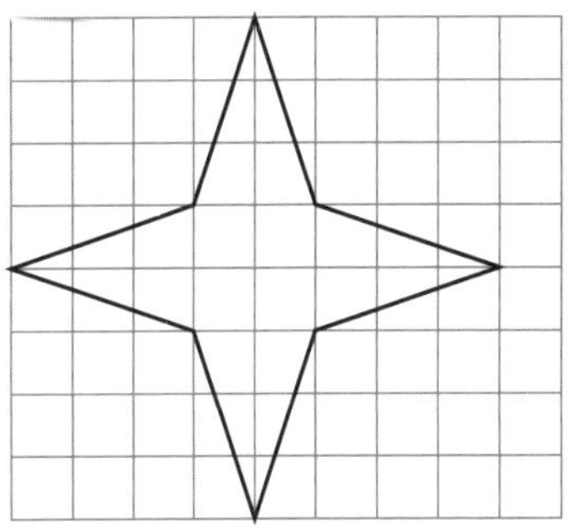

e
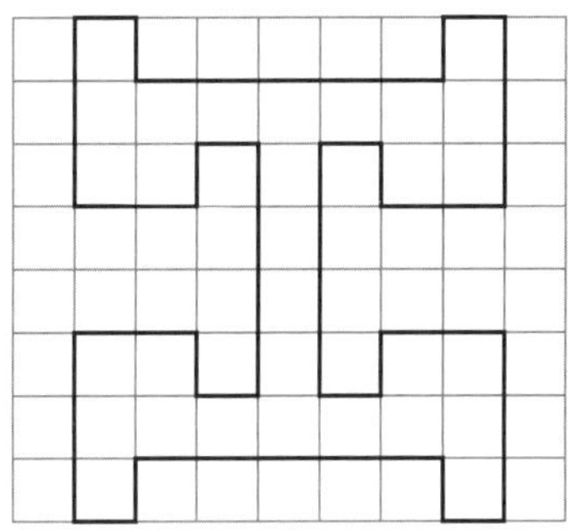

f
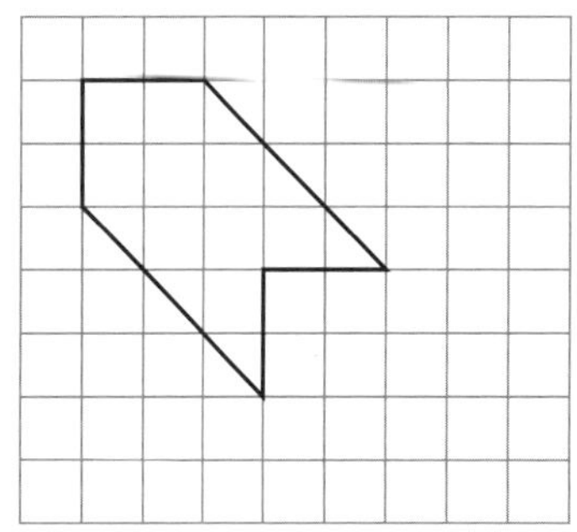

4 Ergänze die Figuren symmetrisch.

a
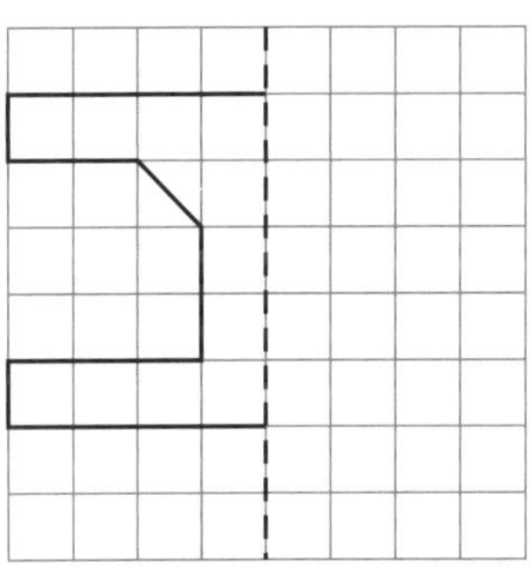

b
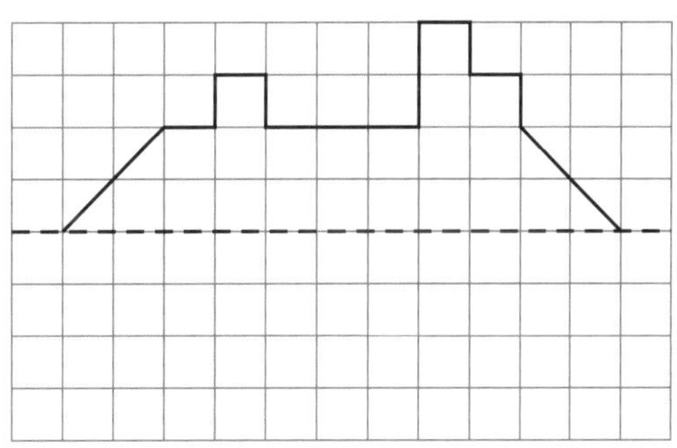

c
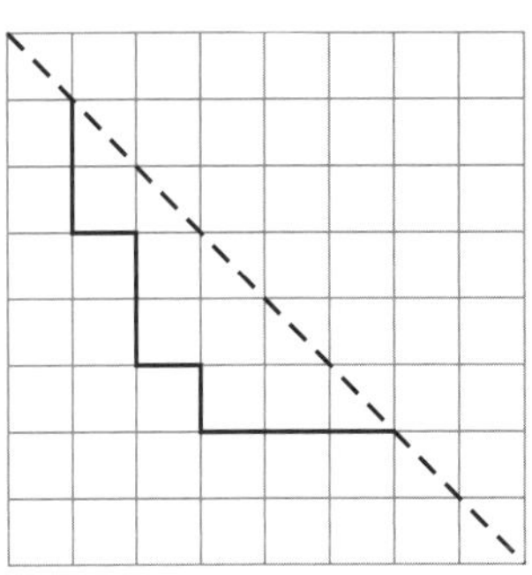

d
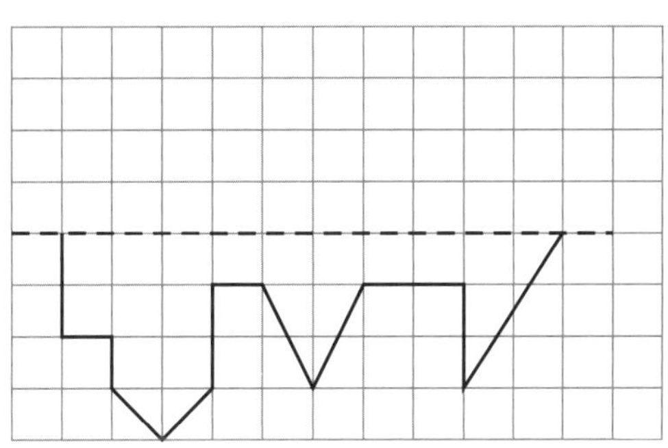

5 Welche der Figuren hat den größten Flächeninhalt?

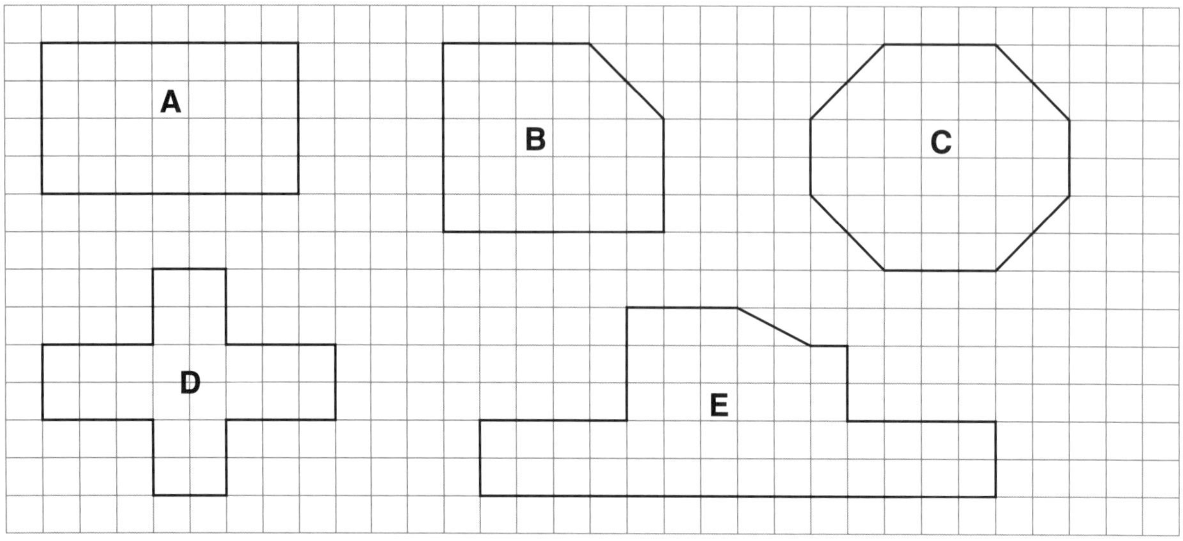

Antwort: ______________________________

Begründung: ______________________________

____

6 Zeichne diese Figur doppelt so groß.

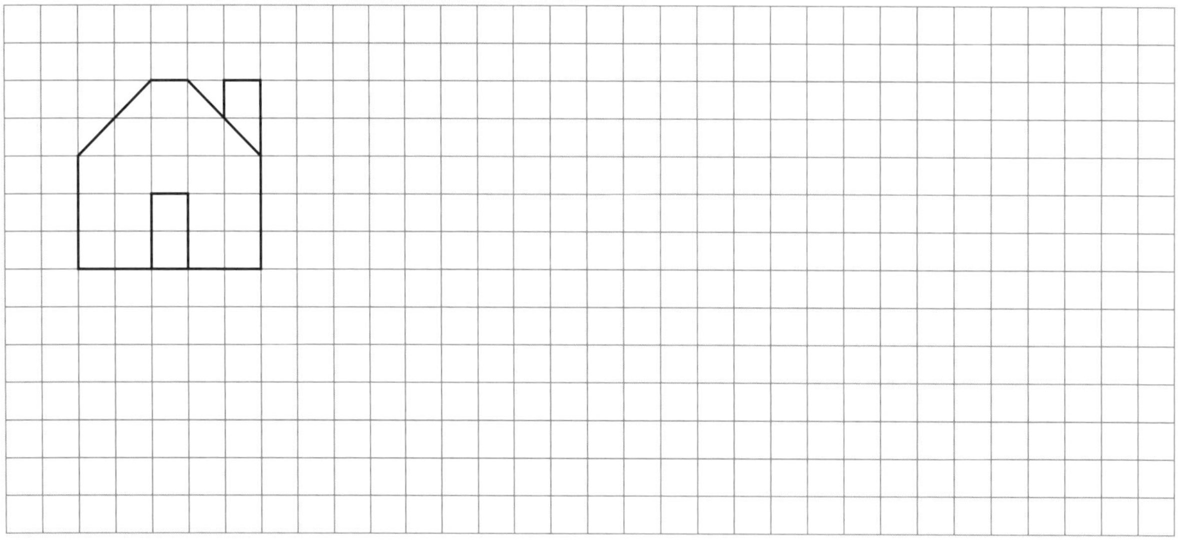

7 Zeichne diese Figur halb so groß.

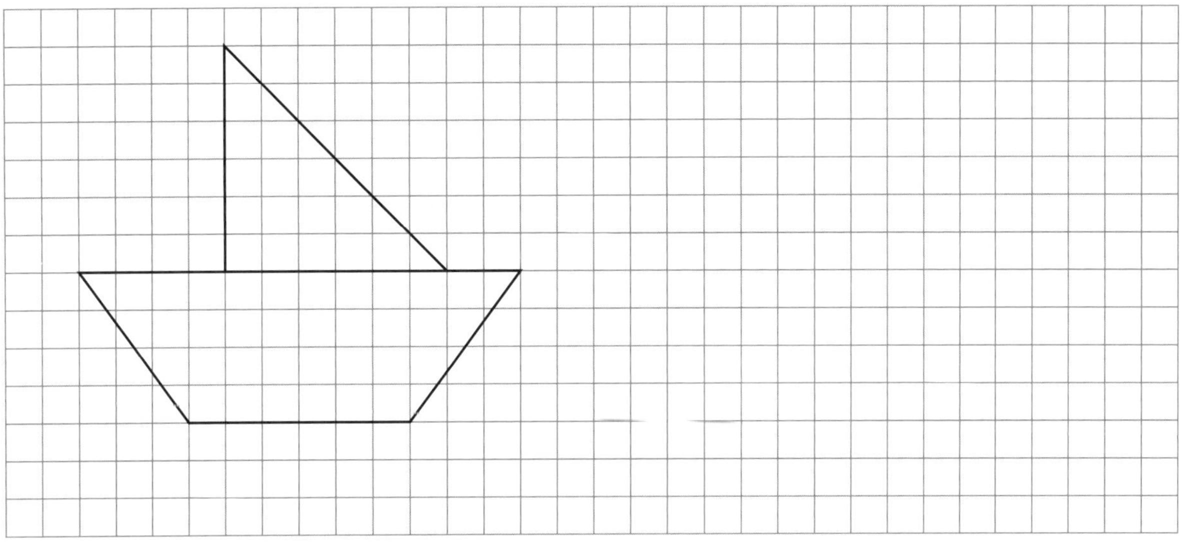

8 Einer der vier abgebildeten Würfel ist gleich dem Würfelnetz. Kreuze an.

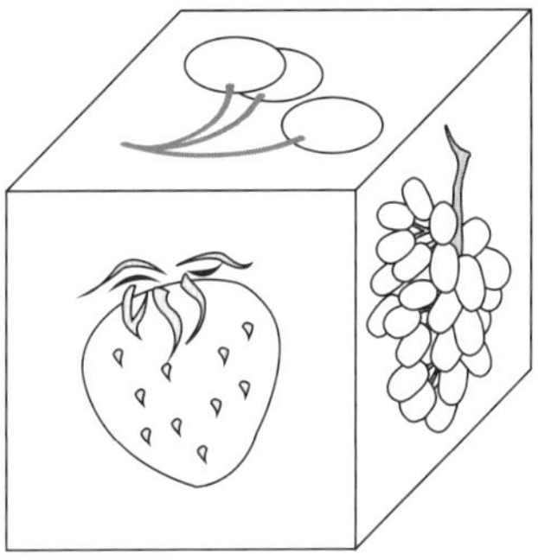

☐

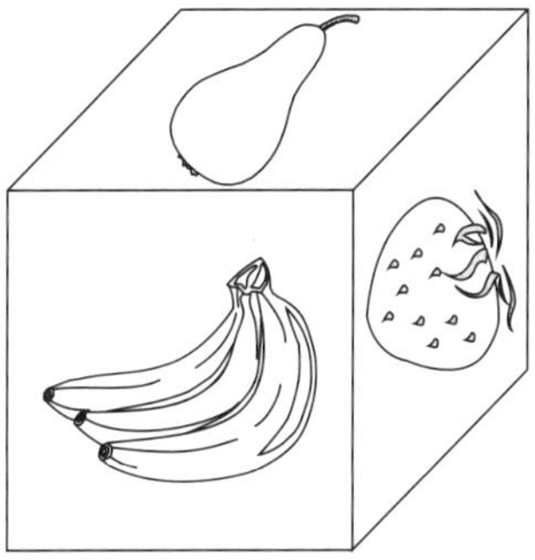

☐

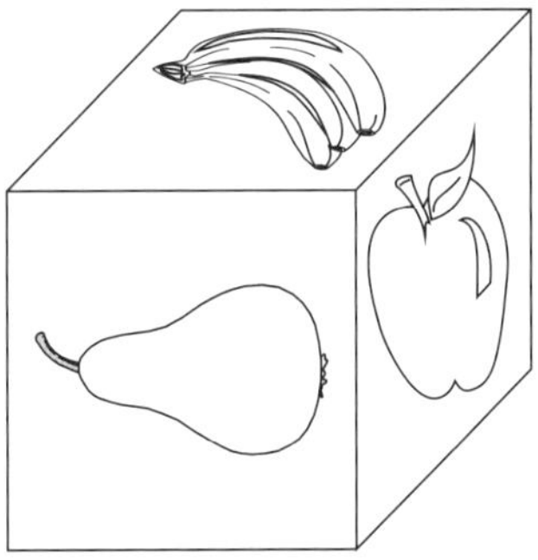

☐

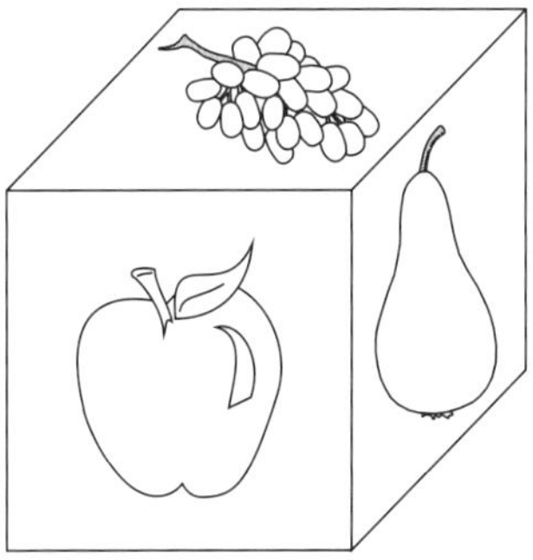

☐

9 Zeichne zu den Würfelbauten einen Bauplan.

a

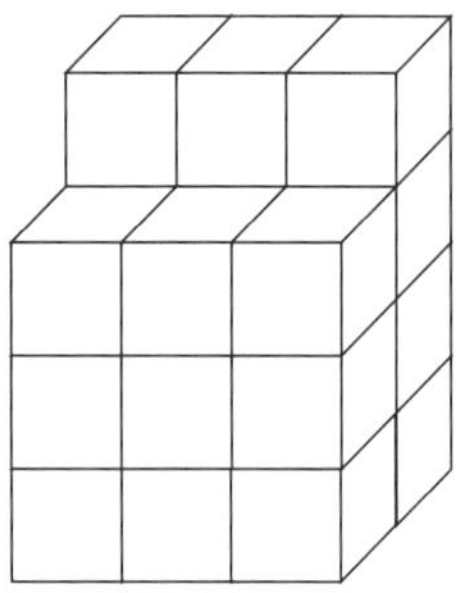

b

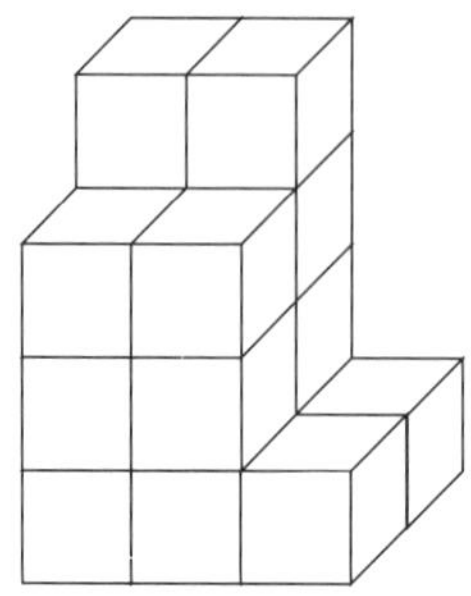

c

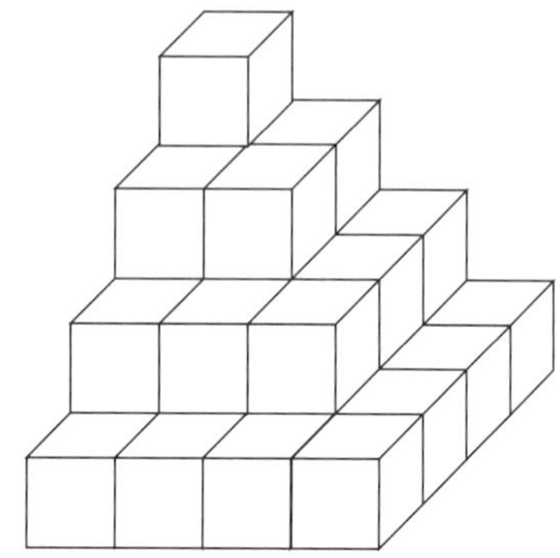

d Das Würfelgebäude in c soll erweitert werden und zusätzlich eine Stufe bekommen. Wie viele Würfel braucht man dafür?

Antwort: ______________________________

10 Zeichne 5 Geraden, die sich alle in einem Punkt schneiden.
Wie viele Nachbargebiete entstehen?

Antwort: ______________________________

11 Welche Körper sehen von oben so aus?

a b c d e

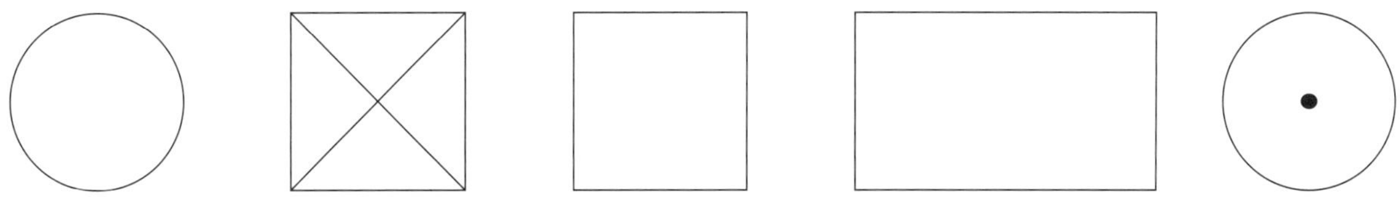

a Zylinder

b

c

d

e

12 Zeichne die Ansichten zu folgendem Würfelgebäude:

4	1	2	4
4	1	2	4

a Von rechts:

b Von oben:

c Von vorn:

d Von links:

13 Ergänze die Figuren nach rechts, links, oben und unten symmetrisch.

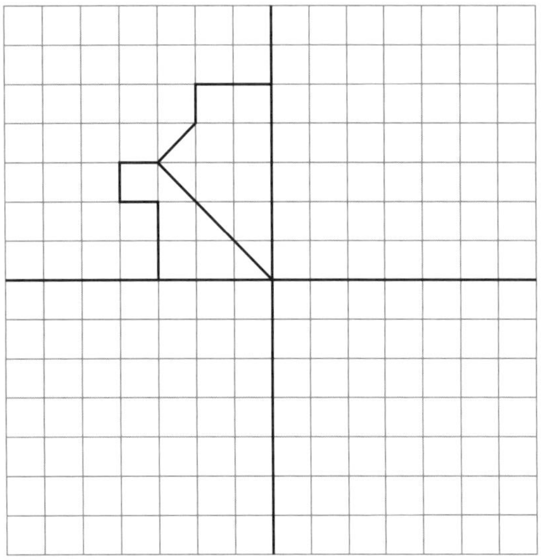

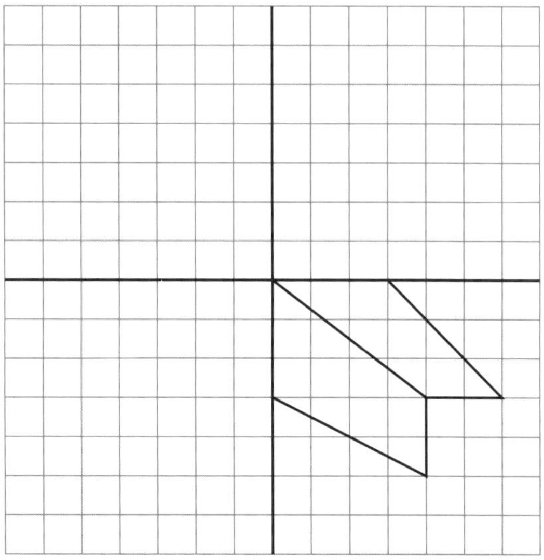

14 Der abgebildete Würfelturm besteht aus acht Würfeln. Nina geht um den Turm herum. Dann soll sie herausfinden, wie viele Augen insgesamt nicht sichtbar sind.

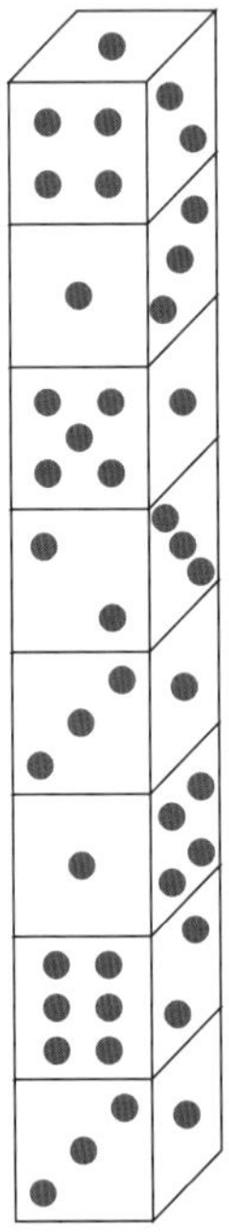

Antwort: ______________________________

Kompetenzbereich: Daten, Häufigkeiten und Wahrscheinlichkeiten

1 In einem Fußballstadion kamen in den Monaten von April bis September 318 494 Besucher.

a Wie viele Besucher kamen gerundet von April bis September?

April: ______________________

Mai: ______________________

Juni: ______________________

Juli: ______________________

August: ______________________

September: ______________________

Besucher 2009	
April	52 324
Mai	55 456
Juni	53 679
Juli	56 784
August	48 906
September	51 345

b Wie viele Besucher kamen also gerundet in den Monaten von April bis September?

Antwort: ____

2 Anna, Barbara, Claudius und Dörte treffen sich am Nachmittag zum Spielen. Sie begrüßen sich mit Handschlag. Wie oft geben die Mädchen sich insgesamt die Hand?

____

____

Antwort: ____

3 Anna stand morgens vor ihrem Schrank und wollte sich einkleiden. Sie wählte zwischen drei T-Shirts, drei Röcken und zwei Hosen. Wie viele Kombinationsmöglichkeiten der Kleidungen gab es insgesamt?

____

____

Antwort: ____

4 Johanna ist Schülerin einer 4. Klasse. Dieses Säulendiagramm zeigt ihre Hausaufgabenzeiten in einer Woche an.

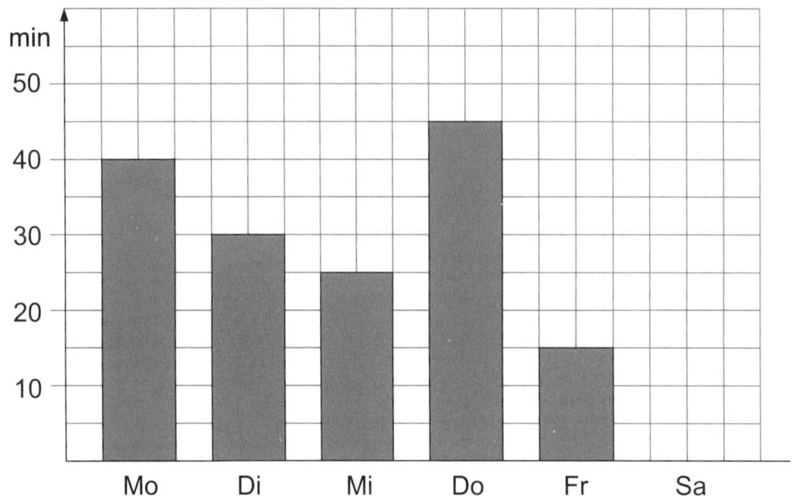

a Wie viel Zeit braucht Johanna an den einzelnen Wochentagen für ihre Hausaufgaben?

Montag: ____________________

Dienstag: ____________________

Mittwoch: ____________________

Donnerstag: ____________________

Freitag: ____________________

b An welchem Tag braucht Johanna am längsten Zeit für ihre Hausaufgaben?

Antwort: ____________________

c An welchem Tag braucht Johanna am wenigsten Zeit für ihre Hausaufgaben?

Antwort: ____________________

d Wie viel Zeit braucht Johanna in der Woche für ihre Hausaufgaben?

Antwort: ____________________

5 An einer Wäscheleine auf dem Trockenboden hängen fünf Paar Socken, zwei Paar graue und drei Paar grau-weiß-gestreifte. Die Socken hängen alle durcheinander. Linus möchte ein Paar anziehen. Das Licht ist kaputt und auf dem Boden ist es so dunkel, dass er die Färbung der Socken nicht erkennen kann. Er nimmt die Socken nacheinander ab und wirft sie in den Wäschekorb.

a Wie viele Socken muss er höchstens von der Leine nehmen, damit er ein Paar gestreifte Socken anziehen kann?

Antwort: ______________________________

b Wie viele Socken muss er höchstens von der Leine nehmen, damit er ein Paar gleichfarbige anziehen kann?

Antwort: ______________________________

6 Das Säulendiagramm und das Kreisdiagramm zeigen beide die Hobbys der Kinder einer 4. Klasse. Jedes Kind durfte sein Lieblings-Hobby nennen.

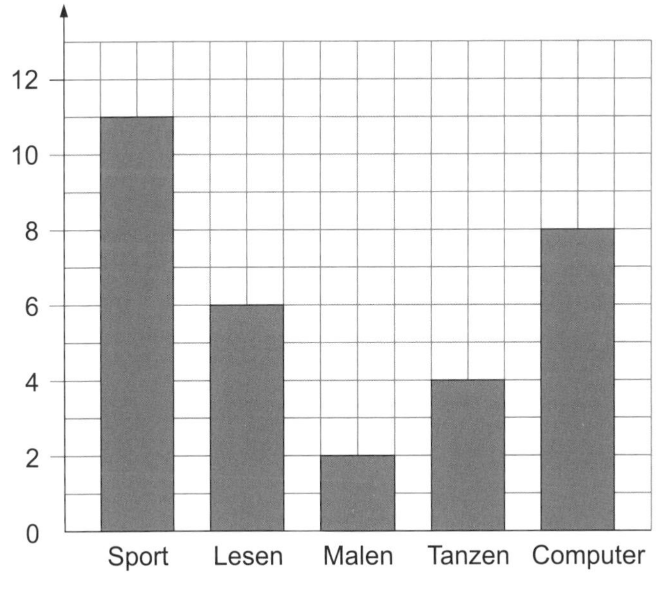

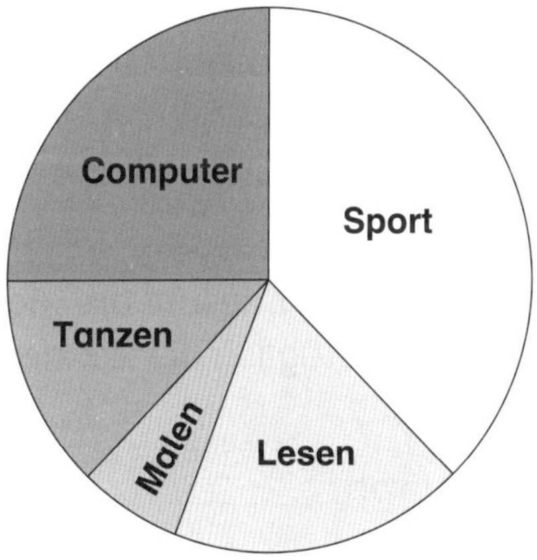

a Welches Hobby haben die meisten Kinder? ______________

b Wie viele Kinder haben das Hobby Computer? ______________

c Welches Hobby haben die wenigsten Kinder? ______________

d Wie viele Kinder haben an der Umfrage teilgenommen? ______________

7 In der folgenden Tabelle siehst du den Wasserverbrauch in einem Haushalt. Berechne in den einzelnen Aufgaben den wöchentlichen Verbrauch.

	1 x Duschen	**1 x Baden**	**1 x Geschirrspülen**	**1 x Wäschewaschen**	**1 x Zähneputzen mit Becher und Säubern der Zahnbürste**	**1 x Toilette mit Spartaste spülen**
	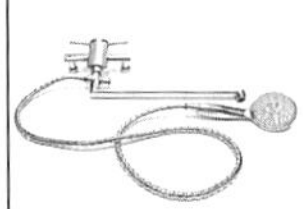					
Wassermenge	50 Liter	180 Liter	12 Liter	65 Liter	0,5 Liter	4 Liter

a David Malov duscht jeden Tag in der Woche, putzt sich zweimal täglich die Zähne und geht durchschnittlich fünfmal täglich auf die Toilette.

Antwort: ______________________________

b Susan Malov duscht drei Mal die Woche, putzt sich zweimal täglich die Zähne und geht durchschnittlich fünfmal täglich auf die Toilette.

Antwort: ______________________________

c Herr Malov duscht dreimal die Woche, putzt sich dreimal täglich die Zähne und geht durchschnittlich sechsmal täglich auf die Toilette.

Antwort: ______________________________

d Frau Malov duscht dreimal die Woche, nimmt ein Vollbad die Woche, putzt sich dreimal täglich die Zähne und geht durchschnittlich sechsmal täglich auf die Toilette.

Antwort: ______________________________

e Das Geschirr wird einmal täglich mit dem Geschirrspüler gespült und dreimal die Woche wird eine Maschine Wäsche gewaschen.

Antwort: ______________________________

f Wie viel Liter Wasser verbraucht die Familie Malov insgesamt in einer Woche?

Antwort: ______________________________

8 Viele Tiere können sich sehr schnell fortbewegen.
Fertige zu den Daten in der Tabelle ein Säulendiagramm an.

	Elefant	**Gepard**	**Delfin**	**Aal**	**Schwan**	**Brieftaube**

km in einer Stunde	40	120	50	12	50	170

9 Drei Jungen haben drei Fahrräder. Sie haben ein schwarzes, ein gelbes und ein rotes Fahrrad.

a Eine Antwort ist wahr, zwei sind falsch.

	richtig	falsch
Christian hat nicht das gelbe Fahrrad.	☐	☐
Lorenz hat nicht das rote Fahrrad.	☐	☐
Markus hat das gelbe Fahrrad.	☐	☐

b Welcher Junge hat welches Fahrrad?

______________ hat das schwarze Fahrrad. ______________ hat das gelbe Fahrrad.

______________ hat das rote Fahrrad.

10 Einwohnerzahlen von deutschen Städten:

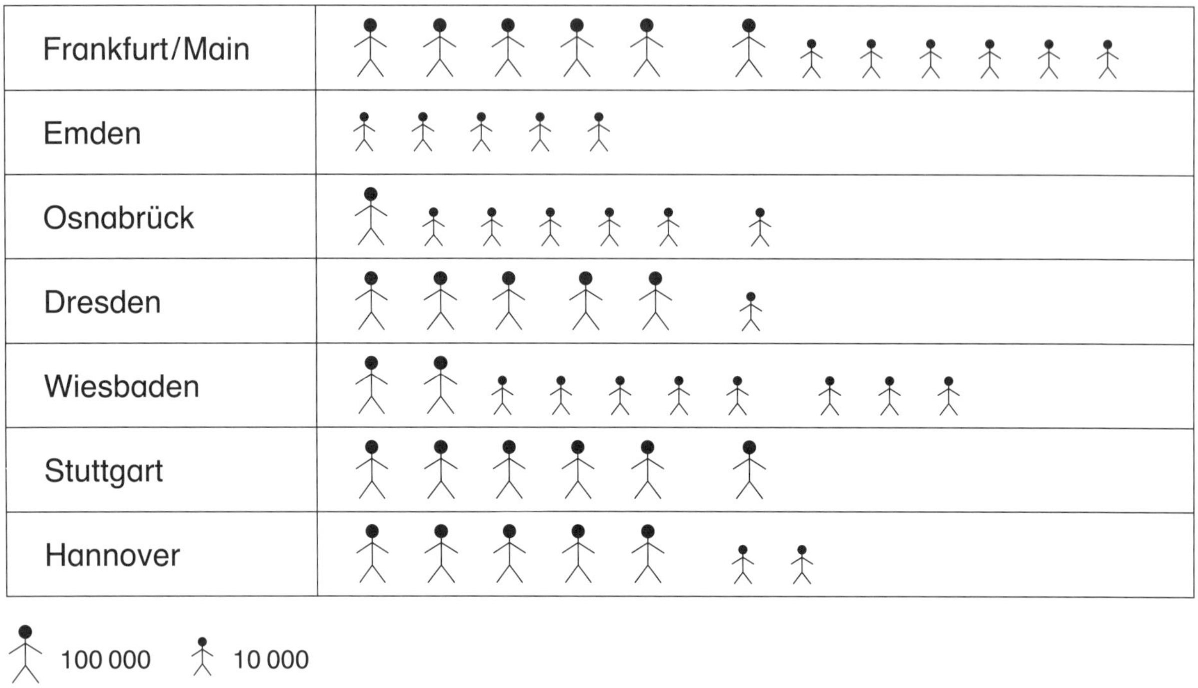

a Wie viele Einwohner haben die Städte aus dem Schaubild etwa?

Frankfurt/Main ______________________ Einwohner

Emden ______________________ Einwohner

Osnabrück ______________________ Einwohner

Dresden ______________________ Einwohner

Wiesbaden ______________________ Einwohner

Stuttgart ______________________ Einwohner

Hannover ______________________ Einwohner

11 Jana hat an ihrem Fahrrad ein Zahlenschloss. Sie weiß, dass die Ziffern 1, 4, 7 und 9 vorkommen. Leider hat sie die Reihenfolge der Ziffern vergessen.
Wie viele Möglichkeiten gibt es, Ziffernkombinationen mit diesen 4 Ziffern zu bilden?

____

____

Antwort: ______________________________________